技術者に必要な
地すべり山くずれの知識

Takaya Seiji
高谷精二＝著

鹿島出版会

まえがき

　日本では、毎年、梅雨時や台風シーズンになると地すべりや山くずれが起こり、家や道路、農地、林地が被害を受け人命が失われることもまれではありません。これは国土の約70％が山地で、梅雨と台風が来るという日本の宿命でしょう。

　このような山くずれや地すべりは、昔は山の中で起こる現象で、被害を受ける家も道路もほとんどなかったので、知っているのは山で生活する少数の人々のみでした。しかし地すべりが起こった土地は傾斜が緩く、土と水に恵まれた良好な田畑として利用されてきました。これが現在、保存の必要性を迫られている棚田です。

　しかし第二次大戦後、地すべり災害が相次いで発生し、これらは地方自治体では対処できないほど大規模であったため、国によって復旧、防災工事が行われるようになりました。歴史的に見ますと、1955(昭和30)年に小出博によって『日本の地すべり』が書かれ、その後長く使われることになる「地すべりの地質による三分類」が示された頃です。この頃、空中写真が一般的に使用できるようになって、地すべり地の全体像が見えるようになり、地すべり地には地すべり地形という特有の地形があることがわかりました。

　この間、日本の経済成長とともに、多くの対策工事が行われ地すべりの防災技術も大きく進歩しました。その結果、地すべりにとって謎であったすべり面の実態がわかってきました。それまですべり面は、「土塊が滑るのだから、すべり面があるはずだ」と

いう想像上のもので、見た人はいませんでしたが、深礎工の掘削中に直接観察できる例が多くなり、近年では条線の入った生々しい写真を見ることができます。同時に、すべり面をつくっている粘土の分析も行われ、その粘土をつくっている粘土鉱物も明らかにされています。

しかし、地すべりや山くずれの被害は減少していません。これは生活圏の拡大に伴う道路や宅地開発が急速に行われるため、思いがけない自然からのリアクションを受けるからです。これまでの研究によって、地すべりについて多くのことが明らかにされましたが、まだまだ知らないことはたくさんあります。

本書は、これから地すべりを学ぶ人、これからその関連業務に就く人のために、できるだけ易しく書いたつもりですが、もし理解が及ばない点があれば、私の筆のいたらなさです。ここは巻末に挙げた参考図書をご参照ください。

なお本書をまとめる上で、多くの方から多数の資料と助言をいただきましたが、特に南九州大学非常勤講師、鈴木恵三氏からは現地調査で多くのご教示と資料をいただき、また本書の構成についても多くのアドバイスをいただいたことを記し、謝意を表します。

なお本書の出版にあたり、多くの労をとっていただいた鹿島出版会の橋口聖一氏に謝意を表します。

目　次

まえがき
地すべり山くずれあれこれ

1章　地すべりってなに？ ……………………… 1

1．山は動いている ……………………………… 1
2．山地災害と土砂災害 ………………………… 2
3．地すべりと山くずれの特徴 ………………… 3
4．山くずれの免疫性 …………………………… 5
5．地すべりという名前の由来 ………………… 6

2章　地すべりの社会学 …………………………… 8

1．山地災害と法律 ……………………………… 8
2．街中に起こる山地災害 ……………………… 9
3．地すべり研究の背景 ………………………… 10
4．地すべりは災害か？ ………………………… 11
5．地すべり経済学 ……………………………… 13
6．外国の地すべり ……………………………… 13

3章　斜面堆積物の特徴 ………………………… 16

1．斜面の三層 ………………………………………………… 16
2．土の色とpH ……………………………………………… 18
3．土壌と土層と岩層 ………………………………………… 19

4章　地すべりと山くずれのメカニズム ……… 21

1．山くずれのメカニズム …………………………………… 21
2．地すべりのメカニズム …………………………………… 26
3．地すべり面の形 …………………………………………… 27
4．土層のクリープ …………………………………………… 30
5．砂の安息角 ………………………………………………… 31

5章　地すべり地形 ………………………………… 33

1．地すべり地形ってなに？ ………………………………… 33
2．地すべり地の微地形 ……………………………………… 35
3．地すべり地形の意味 ……………………………………… 36
4．地すべり地形の東西問題 ………………………………… 39

6章　地すべりと粘土 ……………………………… 41

1．粘土ってなに？ …………………………………………… 41
2．粘土はどうやってできるの？ …………………………… 42
　　風化作用 ………………………………………………… 43

化学的風化作用	44
物理的風化作用	46
塩類風化作用	47
生物的風化作用	49
風化殻の形成	50
熱水による粘土の生成	51
続成作用	53

3．粘土鉱物の種類 …… 53

分析用試料の作り方	56
粘土鉱物の同定法	57
X線回析の試料作成法	60
X線回析の注意点	61
サンプル採取の注意点	62

4．粘土の塑性とコンシステンシー …… 62

7章　山地斜面の粘土 …… 65

1．表層土の粘土鉱物 …… 65
2．すべり面の粘土鉱物と pH …… 68
3．スメクタイトの生成メカニズム …… 70
4．スメクタイトのない地すべり …… 72
5．地すべり粘土という言葉の由来 …… 73

8章　地すべりの原因 …… 75

1．地すべりの素因と誘因 …… 75

2. 誘因としての自然現象 …………………………… 76
    融　雪 ………………………………………………………… 76
    地　震 ………………………………………………………… 77
    地下水 ………………………………………………………… 78
3. 誘因としての人為 …………………………………… 79

9章　岩石と粘土 ……………………………………… 82

1. 岩石の分類 …………………………………………… 82
    堆積岩 ………………………………………………………… 82
    火成岩 ………………………………………………………… 84
    変成岩 ………………………………………………………… 85
2. 粘土になりやすい岩石 ……………………………… 85
    泥　岩 ………………………………………………………… 85
    頁　岩 ………………………………………………………… 87
    凝灰岩 ………………………………………………………… 89
    緑泥片岩と泥質片岩 ………………………………………… 90
    御荷鉾（みかぶ）緑色岩 …………………………………… 94
    蛇紋岩 ………………………………………………………… 97
    変質安山岩 …………………………………………………… 99
    粘土をつくる温泉 …………………………………………… 101

10章　岩石の不連続面 ……………………………… 103

1. 断　層 ………………………………………………… 103
2. 断層角礫 ……………………………………………… 104

3．断層粘土 ………………………………… *105*
4．流れ盤、受け盤 ………………………… *108*
5．地層の境界 ……………………………… *109*
6．節　理 …………………………………… *110*
　　潜在節理 ……………………………… *112*
7．褶　曲（しゅうきょく）……………… *112*
8．層　理 …………………………………… *113*
9．片理と線構造 …………………………… *114*
10．裂　か ………………………………… *115*
11．鏡　肌（かがみはだ）………………… *115*

11章　地すべりを起こしやすい地形 …… *117*

1．ケスタ地形 ……………………………… *117*
2．キャップロック ………………………… *118*

12章　地すべりと農林業 ………………… *121*

1．地すべりと田と畑 ……………………… *121*
2．地すべりに対する木の反応 …………… *124*
3．地すべりは木にとってプラス、マイナス？ ………… *126*
4．木が生えていると山くずれは起こらないか？ ……… *128*
5．地すべりと棚田 ………………………… *129*

13章　斜面の動きを知る方法 ……………………… 131

1. 測定器の進歩 ………………………………………… 131
2. 空中写真判読 ………………………………………… 133
3. 人工衛星からの写真 ………………………………… 134
4. テフラからわかる地表面の動き …………………… 136
5. 木の年輪から地すべりの動きを知る ……………… 138
6. 土壌の厚さからわかる斜面の動き ………………… 140

14章　地すべり、山くずれから逃れるには …… 142

1. 地すべり・山くずれの前兆現象 …………………… 142
2. 山くずれは高さの2倍 ……………………………… 143
3. 崖くずれは高さだけ ………………………………… 144

参考文献 …………………………………………………… 145
あとがき …………………………………………………… 149

地すべり山くずれあれこれ

槻之河内（つきのかわち）地すべり（日南市：宮崎県）。広渡川の支流、槻之河内川に面し、地すべりダムが生じた。斜面長約700m、幅150m（撮影：鈴木恵三氏）

野々尾崩壊地（宮崎県東郷町）。耳川に面し、斜面長約700m、幅約400m、堰止め湖をつくったが、一夜で決壊した（撮影：野尻正太氏）

安山岩の柱状節理（水俣市：熊本県）。節理の傾斜は画面左側では70度、中央付近では垂直である（撮影：諏訪浩氏）

砂泥互層の崖の下に堆積する崖錐。傾斜は38度で、岩礫の平均粒径は1.2mm

安山岩の節理。二方向ある
(宝河内：水俣)

四万十層の頁岩地域に生じた崩壊(西米良村：宮崎県)

泥質片岩の片理
(長瀞：埼玉県)

泥質片岩地域の表土は薄く(約50cm)、スギ林は薄い表土上に生育している(西条市:愛媛県)

御荷鉾(みかぶ)帯地すべりの表層土は薄く(約30cm)、下部は灰緑色の礫混り粘土である

地すべりによって山側に傾斜したスギ(日南市:宮崎県)

地すべりのために浮き上がった排水路(池川:高知県)

断層角礫:断層中に含有される亜円礫
(0.125mmのフルイ残留礫、白線は1mm)

御荷鉾地すべり地の粘土塊。上部の灰緑色部はクロライト、下部の濃緑色部はスメクタイトを含有する

風化前線の顕微鏡写真
左:クロスニコル(試料は砂岩)。右:オープンニコル(上半分の薄い茶色の部分が風化部分)

1章　地すべりってなに？

1．山は動いている

　地球の表面はプレートという岩の板に乗って動いている、ということは常識になっているので、山が動くといっても別に驚いてくれないかもしれませんが、これから問題にする地表面の動きは、ハワイが日本に近づくというような数億年単位の動きではなく、数十年からせいぜい数百年単位の山の動きです。

　私たちの生活は、土地が動かないことを前提に成り立っているので、急に動くと混乱します。地震の揺れ、台風の強風、豪雨、これらは私たちの日常経験を超えています。地すべり、山くずれもその一つです。災害は自然が突然に、私たちの常識を超えた動きをしたときに起こった現象です。

　日本の山は高山帯を除くとほとんど木が生え、木の下には土の層があります。この土はそこに留まっているのではなく、いつも少しずつ下に動いていますが、動きがゆっくりしているので私たちは気がつきません。しかし急に大量の土砂が動くと、そこにあった家や道路などが壊され災害となります。このような災害を、山地で起こることから山地災害と呼んだり、土砂が動くことによる災害であることから土砂災害とも呼ばれます。山地災害は山の斜面上を土砂が動くことによって起こる自然現象なので、山があ

る限りいつか必ず起こるものです。

　災害について私たちが知りたいことは「いつ」「どこで」「どのくらいの規模で」起こるかなのですが、残念ながら、現在わかっていることは「豪雨があると起こる」くらいで、これが山地災害学の限界です。

2．山地災害と土砂災害

　土砂災害とは、土砂と水が混ざったものが急激に動くことによって、人や物に被害を与える現象で、地すべり、山くずれ、崖くずれ、土石流のように、発生する場所や崩れる物の種類によって名付けられています。これらはいずれも土砂と水が混ざったものですが、崖くずれのように水はほとんど含まないものから、土石流のように水分の多いものもあります。これらは水の量が増えるに従って山くずれ、地すべり、土石流と名前が変わり、同時に速度も速くなります。実際には土砂と水の割合を計ることは大変難しいことですが、模式的に表しますと**図1**のようになります。

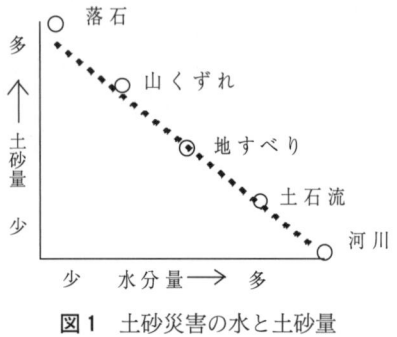

図1　土砂災害の水と土砂量

3．地すべりと山くずれの特徴

　地すべりと山くずれの最も大きな違いは規模です。地すべりは数 ha から数十 ha と非常に大きく、このため動く土量も数十万 m^3 から数百万 m^3 になります。これに対し山くずれは数百〜数千 m^2 程度で、地すべりに比べると小規模です。もう一つ大きな違いは、地すべりは継続して動き、見た目には停止しているように見えても、数年後から数十年後にはまた動きます。

　大阪府と奈良県の県境に亀の瀬地すべりという有名な地すべりがありますが、この地すべりは万葉の時代から知られていて、近年でも 1931（昭和 6）年、1967（昭和 42）年に動き、対岸の国道が隆起したり、鉄道のトンネルがつぶれる現象が起こりました。ここは奈良盆地を流れた大和川が大阪平野に出る所にあるので、この地すべりが本格的に動くと大和川が締め切られ、奈良盆地が水没する危険性があります。

　次に土砂が動くスピードから見ますと、地すべりは非常に緩やかで、時によると 1 日に数 cm という場合もあります。しかし山くずれは大雨によって一瞬にして崩れます。また発生原因も、地すべりは地下の粘土層と地下水によって起こり、必ずしも大雨が原因になるとは限りません。これに対し、山くずれは台風や梅雨前線などの豪雨によって発生します。したがって地すべりは地下水、山くずれは地表面の水によって起こるといえます。

　さらに、地すべりはゆっくり動くので、樹木が傾いたり、地面の亀裂の発生、直前には樹木の根が切れる音など、土地の異常を予感させるいろいろな前兆現象が知られています。しかし、山くずれの場合は前兆現象はなく突然起こります。また、崩れる深さ

も、地すべりでは数mから十数mに達しますが、山くずれでは1、2m程度で地すべりに比べると浅いのが特徴です。

　山地の土地利用という点から比較すると、地すべり地は水田や畑として利用されてきました。これは地すべり地は傾斜が緩く地下水が豊富で、水田をつくることが容易であったためです。しかし、山くずれが発生する所は急傾斜のためほとんど利用されません。このことはその土地をつくっている土とも関係があり、土に含まれる粘土が水を含みやすいか、そうでないかによって違ってきます。地すべり地の場合は、土の中の粘土がスメクタイトとい

表1　地すべりと山くずれの対比

	地すべり	山くずれ（崖くずれ）
発生場所	地中より発生	地表面より発生
移動規模	数ha以上	数千m^2
移動深さ	数m〜十数m	1〜2m以内
水	地下水	豪雨
再発性	あり	数年〜数十年間なし
地質	特定の地質、地質構造の場所に発生する傾向がある	地質との関係はない
地形	緩斜面に発生し、地すべり地形という特有の地形がみられる	急斜面に発生する
移動速度	一般に緩慢、急激なこともある	急激
誘因	地下水	豪雨
前兆現象	樹木の傾斜、地表の亀裂の発生などがある	ほとんどない
土地利用	耕地として利用される	利用されない
代表的な粘土鉱物	スメクタイト	カオリナイト
移動土塊の形状	原形をとどめる	崩土となる

う水を含みやすい粘土鉱物が主体になっていることが多く、山くずれ地では、水を含みにくいカオリナイトが主になっています。

このような比較を**表1**にまとめました。

山くずれと崖くずれは混同して使われる言葉ですが、その違いは主に発生場所の違いです。崖くずれは崖と言われるように、ほとんど垂直な所に生じたものをいいます。傾斜角でいうと、地すべり、山くずれ、崖くずれの順に急になっています。そのため崩れるものも違い、崖くずれは主に岩石が崩れるのに対し、山くずれは土砂も含んでいます。さらに地すべりになると、粘土や水分が多くなります。

4．山くずれの免疫性

医学用語に免疫という言葉があります。医学でいう免疫は、一度ある病気に軽くかかっておくと、その後その病気にはかからなくて済むということです。

山くずれの場合でも、一度山くずれが起こると、そこはしばらくは起こらないということが経験的にわかっています。その理由は、山くずれは山の表面にある土層が崩れるので、一度崩れるとそこには崩れるものがなくなります。次の崩れが起こるには、土壌ができてその上に植物が育ち、十分な厚さの土層が堆積するという準備が必要です。この準備が整った後に、引き金となる豪雨があって次の崩壊が起こります。この崩壊までの期間を免疫期間といいますが、これは崩壊に対する準備期間ともいえます。

問題はこの「期間」ですが、アバウトにいいますと、岩石が風化して土層が溜まる時間、プラス豪雨がいつ来るかとなります。

これはどちらも難しいことです。地すべりは慢性疾患のようなもので、いつまでもグズグズし、直ったのかと思うとぶり返すので免疫性はありません。

5．地すべりという名前の由来

　地すべりは昔から地すべりと呼ばれていたわけではありません。地すべりや崩壊に関係する名称は、ツエ、ヌケ、ジャ、クエなど日本の各地方にたくさんあります。このことは山に住む人々が、昔からこれらの現象をよく知っていたことを示しているといえるでしょう。ツエは潰（つい）えるからきた言葉で、津江（大分県）として地名になっています。クエも崩（く）えから来て、これは倉と読み替えられ倉谷（宮崎県）という地名になっています。ヌケは、山の一部が抜け落ちることから付けられた名称です。

　地すべりという呼称がいつからできたのかはハッキリしませんが、ランドスライドという英語を翻訳した言葉だと言われています。現在、日本では地すべりをランドスライドと言い換えようという考え方があります。これは外国では、地すべりも崩壊も一括してランドスライドと呼び、日本のように区別していないので、国際的な学術交流が盛んになっている今日、これらを区別していると外国の研究者と話がかみ合わないことがあります。このため国際的な基準に合わせるためにランドスライドにしようということですが、日本では明治時代に始まる山地災害の研究により、きちんとした根拠があって地すべりと崩壊を区別しています。したがって今後は、ランドスライドと言い換えるのではなく、外国人に対しては地すべりと崩壊は違う現象であると説明した方がよい

と思います。

2章　地すべりの社会学

1．山地災害と法律

　地すべりの対策工事は「地すべり等防止法」という法律に基づいて行われます。この法律の第2条に、地すべりの定義として「地すべりとは、土地の一部が地下水等に起因して滑る現象、又はこれに伴って移動する現象を言う」と書かれています。この定義に従いますと、現実に起こっている地すべりも山くずれも、地下水と無関係に起こるものはないので、ある場所に起こった地すべりや山くずれを「これは地すべりである」とか、「そうではない」と決めるのは大変難しいことです。

　「地すべり等防止法」ができた後、地すべりだけ特別扱いするのは配慮に欠けるということで、傾斜が30度以上ある斜面の崩壊に対しても「急傾斜地法」という法律ができました。そのほか、山地を対象に、法律に基づいて行っている土木工事を挙げてみます。

- 地すべり　　　　　：地すべり防止工事
- 崖くずれ　　　　　：急傾斜地崩壊防止工事
- 山くずれ、土石流：砂防工事、治山工事
- 雪崩　　　　　　　：雪崩防止工事

2. 街中に起こる山地災害

　世の中、いろいろ変わっていきますが、変わったことが起こると初めはびっくりするものの、同じことが何度か起こると「そんなものか」と驚かなくなります。地すべりの世界でも変わったことが起き始めています。

　地すべりとか山くずれは山に起こる現象なので、山地災害と呼ばれてきましたが、最近では町中でも起こるようになっています。これが注目されたのは、1978(昭和53)年の宮城県沖地震で仙台市郊外の住宅地で地すべりが起こったときです。このときの調査によると、そこは元は谷間だった所を埋め立て、宅地として造成されていたことがわかりました。谷間は埋め立てられても岩盤のように堅くならず、地下水の通り道になっているので、地震があって揺すられますと、あっけなく滑ってしまうのです。

　この災害から7年後、1985(昭和60)年にさらにショッキングな事例が長野市郊外の地付山で発生しました。これは長野市の郊外にある湯谷（ゆや）団地の裏で起こった地すべりで、団地の住宅やコンクリートのビルを押しつぶし大きな被害を出しました。このときは発生が昼間だったことや、土塊がゆっくり移動したことから、地すべりにのみこまれる家、音を立てて折れる電柱の様子がテレビによって報道されたので、その一部始終を映像で見ることができました。

　この災害以来、「山地災害の都市化」ということが問題になるようになりました。その原因は、人がその生活範囲を急速に広げ山地に近づいたためです。現在では土木技術の発達によって、丘陵地や小さな山を簡単に削り取ったりすることができるようにな

りましたが、それによって変えられた自然が、どのような反応をするかを予測できるほど科学は進んでいないのです。

3．地すべり研究の背景

　このような地すべりが、日本ではどのように研究されてきたのかをざっと見てみましょう。

　明治維新以降、日本の大学制度が確立するに従って、地すべりなどの大規模な崩壊現象に対しても関心が払われるようになり、地すべりや山くずれについても、地質学や地形学の学者が現地調査をするようになりました。1912（大正元）年には東大教授、脇水鉄五郎により「山地の山くずれについて」という論文が発表され、1927（昭和2）年には渡辺貫により「山崩れの分類」という論文が地質学雑誌に発表されています。しかしこの時代の学者は、西欧の科学を日本に根づかせることに一生懸命だったので、日本列島の地質を明らかにする構造地質とか、化石の発見や、直接工業の発達に結びつく鉱山、鉱床の発見などが興味の対象で、地すべりのような災害現象に対する興味はあまりありませんでした。

　この時代に、地すべりに対して関心を持ったのは鉄道関係者でした。明治以後、日本の輸送体系が舟運から鉄道に変わり、国内に線路網が敷設されてゆきましたが、この結果、線路は傾斜の急な山地や地すべり地を通過せざるを得なくなりました。このため、鉄道への被害を防止するための研究と、防災技術の開発が行われました。

　第二次世界大戦後、荒廃した国土に大規模な地すべり災害が相次いで発生しましたが、このような地すべり災害に研究面から対

処するため、研究者や技術者が集まったのが現在の日本地すべり学会です。世界中で地すべりを対象とした学会があるのは日本だけなので、各国の地すべり山くずれの研究者からはうらやましがられています。

地すべり現象は「水の作用による土塊や岩塊の動き」のため、研究対象が水と土となります。このため関連分野は広く、岩石が風化によって土になる過程を研究する地球科学、地球化学のような分野や、土が移動する過程を力学的観点より研究する土質工学の分野、実際的な防災対策を考える砂防工学などバラエティーに富み、一般に学際的分野とか境界領域と呼ばれてきました。

このような学際的分野は、学問の体系ができておらず、各人の専門性があれば学会への参加は比較的容易なので、地すべりを副専門としていろいろな分野からの参入があります。現在、地すべり学会での専門分野を概観すると、理学系と工学系に分けられ、理学系は主に「地すべりとはなにか」というテーマで、工学系は「地すべりに対しいかに対処するか」というテーマで研究発表が行われています。

4. 地すべりは災害か？

地すべりや山くずれから連想することは、土砂により家や道路が潰された場面でしょう。現在はその通りなのですが、昔からそうだったわけではありません。昔の地すべり地は良い農地でした。その理由は、地すべりが起こるのは山地のため、洪水の被害を受けることもなく、また化学肥料のなかった時代は、木の落葉、落枝が堆肥として使われていたので、周りの林地は良い肥料を供給

してくれました。このため地すべり地の米は平野の米に比べると品質が良く、また一定面積当たりの収穫量も高かったので、江戸時代には、大名や公家に献上する酒の原料米になっていました。このことは化学肥料が普及する昭和の始めあたりまで続いています。このため、人々は地すべり地に住み続けてきたのです。

　四国のほぼ真ん中に平家の落人伝説があり、カズラ橋で有名な祖谷（いや）という地区があります。平家が滅びたのは西暦1185年ですから、その頃から人々が住み続けているということになります。人が住み続けるためには、なんといっても主食となる米が必要で、米を作るには水が欠かせません。ところが地すべり地には豊富な水があり、周辺には肥料を供給してくれる森があります。このように、地すべり地には米が安定して穫れるという自然条件が備わっていました。もちろん地すべりの被害もありましたが、被害よりも農作物が豊富に穫れるというメリットの方が大きかったのです。

　地すべりが災害として考えられるようになったのは戦後のことで、太平洋戦争によって荒廃した国土に相次いで大きな地すべりが起こり、その規模が大きかったため、地方自治体で復旧工事をすることができず、「地すべり等防止法」という法律がつくられ、これに基づき国の補助事業として対策工事が行われるようになりました。この結果、地すべりは法律によって災害と決められ、国の予算を使って工事が行われるようになったわけです。

5．地すべり経済学

　自然現象が原因となる災害には、地震、火山爆発、台風、洪水、

地すべり、山くずれ等がありますが、その頻度からいいますと、地震や火山爆発は数百年から数千年の間に1回と言われます。これに対し、台風災害や、地すべり、山くずれは毎年あり、大規模なものも数年に1回起こります。毎年のこととなると、それに対する社会的体制ができてきます。これが法律で、法律を具体化するためには予算が必要です。

　地すべり経済学とは聞いたことのない言葉だと思いますが、地すべりという自然現象があり、それに対する法律があり、その法律に基づいて国の補助事業として税金が使われているとすると、災害が経済現象の一つとして社会の中に組み込まれているといってよいでしょう。そんな意味から、地すべり災害は経済現象の一つになっているといえます。地方の小さい町村では、この補助事業によって経営が成り立っている土木会社も少なくありません。

6．外国の地すべり

　山があり、雨が降りますと世界中、どこにでも地すべりや山くずれは発生しますが、それに対処する仕方は、国の状態によって大きく異なります。各国の地すべりに対する考え方の基本になっているものは国土の広さでしょう。アメリカ、カナダ、ロシアのような国土の広い国では、地すべりによって道路や鉄道、宅地が被害を受けますと、施設を新しい場所に移転してしまい、日本のように同じ場所で防災工事、復旧工事をすることはほとんどありません。その理由は、その方が安上がりだからです。国土の広い国の対策は「避ける」が主で、ほかの対策はほとんど考えていません。したがって地すべりに対しては、自然現象の一つとして見

ており、防災としての視点は乏しいといっていいでしょう。

　このことは地すべりの分類方法に顕著に示され、よく引用されるカナダ人の地すべりの分類を見ますと、落石（フォール）、地すべり（スライド）、トップル（前屈）、スプレッド（拡散）の四つに分類されています。これは、外国の地すべりや崩壊の研究者が崩壊の形態に重点を置き、防災という視点をあまりもたないためと思います。

　これに対し日本では、地すべりのメカニズムにまで踏み込み、地すべりと崩壊を分け、すべり面の有無や豪雨との関連性、面積など多くの分類視点を持っています。このことは日本の研究が進んでいるからといえるでしょう。

　日本では、地すべりが起こるとどんな山奥でも工事をしますが、このことは外国人から見ると、「あのような山の中で、なぜ工事をするのか」と不思議に見えるらしいのです。でも日本には、聖徳太子の時代から山腹工事をしてきたという歴史があります。これは、はげ山があると土砂が流れだし、水運に支障を来すということを経験的に知っていたためで、どんな山奥での土木工事を見ても違和感はありません。また、このことが多くの対策工法や技術を生みだし、おそらく山地防災や、斜面防災に関する技術では世界一といっても過言でないと思います。

　一方、国土はそれほど広くない北欧の国々ではどうなっているのでしょうか？　北欧諸国は氷河によって運ばれた粘土が厚く堆積しているため、この上に建物や鉄道、道路などをつくると、地盤が沈下したり、滑ったり、たくさんの問題を起こしてきました。このため研究が進み、やがてそれは土質工学という学問体系をつくり上げました。ヨーロッパでつくり上げられた土質力学は、戦後アメリカから日本に移入されましたが、日本の地すべりを構成

するのは岩塊や礫、粘土を含んだ堆積物であるため、ヨーロッパで発達した粘土を主とした土質力学の理論があまり適用できません。これが、日本では地すべりを研究する土質力学の研究者が少ない理由だと思います。これからの日本に必要なことは、岩塊や礫を含んだ土層に適用できる土質工学でしょう。

　最近はネパール、ブータンなど、ヒマラヤ山脈を基盤としている諸国の地すべり研究が盛んになってきました。これらの諸国の地すべりを構成するものは岩塊や礫が主で、日本の地すべりと似たところがあります。したがって世界の地すべりを大きく分けますと、日本やアジア諸国の地すべりは「石系」、ヨーロッパ諸国は「粘土系」ということができます。

3章　斜面堆積物の特徴

1．斜面の三層

　地すべりや山くずれの発生源となる、山の斜面がどのようになっているか見ましょう。斜面は大まかに見ますと三層に分けられ、上から土壌層、土層、岩層となっています（**図2**）。

　土壌層は、岩石の風化物と落葉落枝や生物の堆積によりつくられた層です。ここは斜面に生長する植物の養分を蓄え、これを植物に供給する働きをしています。土壌層の層厚は山地斜面では薄く、数 cm から数十 cm 程度です。崩壊の後では土壌層がなくなり、その後植物が生え、昆虫や小動物が生息するに従い厚さを増してゆきます。

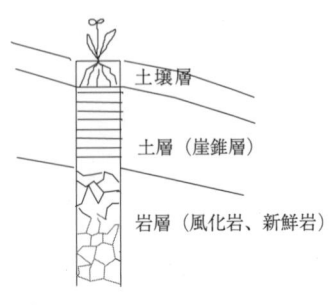

斜面の三層

図2　斜面の三層

土層は土壌層の下にあって、土や礫が混じった層です。この層は、岩石が斜面を転がり落ちたり、砂や粘土の粒径の細かいものが斜面上を流れる水に流されてきて堆積したもので、崖錐層とも呼ばれます。土層の特徴は、土壌層の下にあるので土壌層から水とともに浸透してきた化学物質により鉄分が酸化され、赤褐色や黄褐色になっていることです。崩壊地の土砂が黄褐色なのはこのためです。地下水位の高い場合は、還元的な環境になっていて灰色～灰黒色になる場合もあります。

　岩層は土層の下にある層で、元々その場所をつくっていた岩石層です。ここは地表に近いため、風化の影響を受けたり、地震により斜面がずれ動いたり、斜面自体の重さによりずれ動くので、土層と岩層との境界ははっきりしない場合が多いです。岩層の色は岩石そのものの色をしていますが、風化の影響を受けた場合は、土層と同じく黄褐色となります。

　ここで土層と土壌層という言葉が出てきたので、少し説明しておきますと、土というのは粒径の小さい粘土から、大きな砂、礫まで、いろいろな大きさの粒子を含んだ鉱物が集まったもののことです。大切なことは、土にはある割合で粘土が混ざっていて、ネバネバとした粘性をもっています。これに対し土壌は、土に枯葉、枯枝、昆虫の遺骸、フンなどの有機物が混ざったものです。簡単にいうと土はいろいろな大きさの鉱物が集まったもので、これに有機物が混じると土壌になります。式にすると下のようになります。

　　土壌＝土＋有機物

2. 土の色とpH

　山くずれ跡や林道工事現場に行きますと、斜面の断面が見えます。この断面をよく見ますと、表層には黒っぽい腐植層があり、その下には黄色味から褐色をした土と岩石が混ざった層があります。このような土の色は、主に腐植と鉄化合物によります。土の黒っぽさは腐植のためで、鉄化合物は、赤、黄、青、黒色の元になります。

　色の判定は個人差が大きく客観的な判定は難しいので、客観化するために標準土色帳がつくられています。標準土色帳の表示法は、色を色相、明度、彩度の三つに分け、色相は赤、青、黒で表し、記号では5 YR、5 Rのように表します（**表2**）。これはマンセル記号と呼ばれ、アメリカ人のマンセルが、色を体系的に整理するために考案した方法で、標準土色帳は、農林水産技術会議がマンセル記号を使って日本の土色を系統的に整理するためにつくったものです。

　土のpHは、一定量の土を水に溶かし、その水のpHを測ったものです。土中にはカルシウム、マグネシウム、カリウムなどの塩基とともにアルミニウム（Al）が保持され、このアルミニウムの一部が水分子と反応するためにH^+が発生し酸性を示します。日本の土壌のpHはだいたい5〜6の弱酸性を示すので、土の

表2 土の色とマンセル記号とpHの関係

	色調	マンセル記号	pH
土壌層	黒、赤褐色	7.5 Y〜10 R	5〜6
酸化層	褐色〜黄褐	5 YR〜5 Y	5〜6
還元層	基岩の色		7<

pHが弱酸性の場合、その土は表層部分にあったということができます。土層は深さを増すに従い、中性から弱アルカリ性になります。これは岩石を構成している元素が、風化によって溶かし出されるためです。

　地すべりにより地下の深い所で岩石が圧砕されると、どのような現象が起こるかを調べるため、岩石を研磨してできる溶液のpHを測定する方法があります。このpHを研磨pHとか、アブレーションpHといいます。三波川帯の緑泥片岩で比較してみますと、表層で少し赤味がかった風化岩ではpHが5～6であったのが、半風化岩では6～7となり、新鮮な岩石では9～10になります。このことから、新鮮な岩石が破砕されて粘土となり、そこへ水が浸透するとその水のpHはアルカリ性になるということがわかります。一方、第三紀層の泥岩や四万十層の頁岩の場合、泥岩、頁岩中に含有される黄鉄鉱（パイライト）が風化され酸性となります。

　土の色とpHの関係を見ますと**表2**（前出）のようになります。

3．土壌と土層と岩層

　斜面堆積物の一番上には土壌層があります。ここは農業生産の向上を目的に土壌学として研究され、土壌層の下にある土層（崖錐層）は、土木建築物の基礎になる場所なので、土質工学の研究対象となっています。岩層は地質学の分野から、地下資源や地球の歴史を対象に研究されてきました。

　学問の分野ではこのように分けられていますが、この三層は自然界では互いに関連しながら存在しています。しかし研究分野で

は縦割りが著しく、分野間の交流はほとんどありません。例えば、土壌学では表層の作物の根が及ぶ範囲が関心事なので、研究対象は深さ 50 cm から 1 m より浅い所です。また土質工学が対象としている深さが数 m から十数 m の所に分布する土層は、土壌層から浸透してきた化学物質により岩石が風化を受けることによってできるので、土壌学の知識が必要なのですが、土壌学に関心を持つ土質工学者はほとんどいません。

　地質学での研究はほとんどが新鮮な岩石を対象としているので、土や風化した岩石にはあまり関心をもたれませんでしたが、最近は山間部での地すべりや崩壊については、応用地質学とか土木地質学と呼ばれる分野ができています。応用地質学では表層部の岩石の変質―これを風化といいます―が重要なので、風化に関する研究が必要です。今後は風化学として、土壌学が明らかにした化学変化の過程を岩石の風化に応用し、岩石の風化を解明できるのではないかと思っています。

4章　地すべりと山くずれのメカニズム

1．山くずれのメカニズム

　高い所にあるものが下に落ちるのは、人が魅力的な異性に惹かれるのと同じくらい自然なことです。また何かをきっかけに、彼女（彼）とのコンタクトを取ろうと狙っているように、山も何かをきっかけに崩れようとしています。

　ここで、斜面が崩れようとしている力関係を考えてみますと、山の斜面を構成している主なものは三つあり、一つは斜面の土で、二つ目はそこに生育する植物、三つ目は雨によって浸透する水です。これらは合わさって滑りだそうと斜面に働きかけています（図3）。

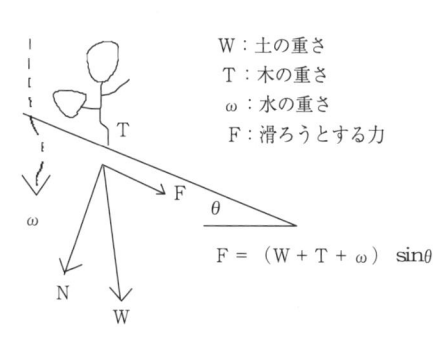

W：土の重さ
T：木の重さ
ω：水の重さ
F：滑ろうとする力

$$F = (W + T + \omega)\sin\theta$$

図3　斜面にかかる力

このうち土の量は変化しないので、一定の荷重として存在します。これに対し土中の水は、雨が降ると増加し、天気になると蒸発します。また1年間で考えると春、夏の雨期には増加し、秋から冬場の乾期には減少する年変化をしています。したがって土中の水の量はたえず変化しているので、繰り返し荷重といえます。また豪雨によって供給される過剰な水は、突発的な荷重となります。

　降った雨が土に滲み込むことによって、どの程度土の重量が増加するかを実際に測定してみたところ、宮崎県の冬期に、約2カ月晴れが続いた後で、約100 mmの雨が降った直後に土の断面をつくり実際に測定しますと、1 m³ 当たり約100 kgの重量増加になりました。土の平均密度を1.8としますと、約5％の水を含んだことになります。100 mmの雨は宮崎でも多い方ですが、珍しくはありません。したがって、5％程度の重量が繰り返しかかっているということになります。このように比較的小さな力が繰り返しかかることによって破壊が起こることを、疲労破壊といいます。

　木の生長も斜面にかかる力として重要で、木は生長することによって、当然ですが重量も増加します。木の種は、始めは1 gにも満たない軽いものですが、生長すると重さは増え、直径50 cm、高さ15 mのスギでは1トンを超える重さになります。この重量は生長に従って増え続けるので、滑ろうとする力も増え続けます。したがって、これは漸増荷重ということができます。

　その結果、崩壊の発生は、一定の荷重である土の重量と、漸増荷重である木の重量と、繰り返し荷重である土中水の重量を合成した力が長い期間斜面に働き続けた後、突発的な豪雨によって過大な荷重がかかったときに起こるといえるでしょう（**図4**）。

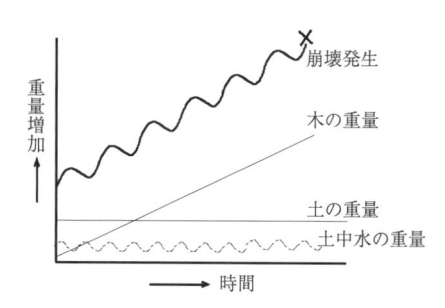

図4 崩壊発生に関与する三つの力

 以上が崩壊発生に至る大まかなプロセスですが、次に崩壊発生直前の土層内の変化を考えてみます。

 土層は土粒子と水と空気によってできています（**図5**）。ここに雨が降ると、土中の空気は押し出され、空気が入っていた間隙は水に置き換えられます。ところが、空気の重さはゼロですが、水の重さは1mℓ当たり1gあります。表層の土壌の場合、空気の部分（気相）は30％程度あるので、すべて水で満たされると全体の重さは30％も増加することになります。土中に滲み込んだ水は、その量だけ重さを増し、同時に土の安定を引き受けてい

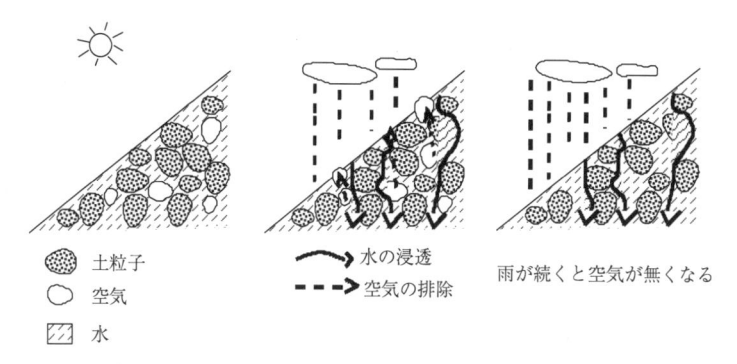

図5 土中の空気は雨が降ると水に置き換えられ、その分、土は重くなる

た土粒子間の摩擦力や粘土の持つ粘着力が減少し、やがて土は自分の重さに耐えきれず崩れる、これが崩壊へのシナリオです。

　もう一つの崩れ方は、パイピングと言われる、地中にできた水の通り道に大量の水が流れ込み崩壊する現象です。パイピングは、山くずれの直後に調査に行きますと斜面の中部から上部のあたりで水の噴き出ている所をよく見かけますが、このような現象のことです。

　このメカニズムは、斜面の表層部分にある土壌は間隔が大きいため水が滲み込みやすいのですが、土壌層の下には水の滲み込みにくい難透水層があります。このため、この層に達した水は地中で透水性の良い場所を探し、土層中にあるパイプに到達します。通常の雨の場合はパイプを通って流れますが、豪雨によって大量の水がパイプの中を流れると小礫やゴミなどでパイプが詰まり、水圧がかかってパイプが破裂するわけです。これがパイピングで

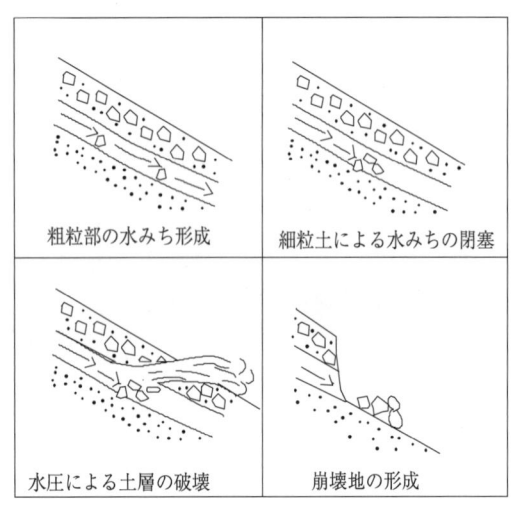

粗粒部の水みち形成	細粒土による水みちの閉塞
水圧による土層の破壊	崩壊地の形成

図6　パイピングのメカニズム

す (**図6**)。

　パイプができる原因としては生物的要因と地質的要因があり、生物的要因としては、木の根が枯れたり、野ネズミやモグラの穴がパイプとなります。地質的要因としては、斜面上に堆積した礫層や砂層が水を通しやすい層となりやすく、また岩石中の節理や亀裂、小さな断層がパイプとなることがあります。礫層や砂層がパイプとなっている場合は円形ではなく、ある広がりを持った面状です (**写真1**)。

　パイピング跡がその後どうなるか興味のあるところですが、1993(平成5)年に起こった鹿児島土石流災害の跡地にできた三カ所のパイピングを観察したところ、パイピング跡は翌年には少量の水が流れていましたが、2年目には周辺に草が生え、3年目には草と土砂に覆われてしまいました。5年目には地表面に木も育

写真1 シラス下部からのパイピング (上位：シラス、下位：四万十層)

ち完全にわからなくなりました。こうして土中に埋もれたパイピング跡は、潜在的なパイピングとして埋もれたまま、次の豪雨を待って長い眠りについているのです。

2. 地すべりのメカニズム

山くずれは大雨が降るとどこでも起こるのに対し、地すべりは雨が降ったから起こるとは限りません。地すべりには、ある決まった地質で起こり、明瞭なすべり面を境にして動くという特徴があります。では、すべり面はどうやってできるのでしょうか？

斜面は重力によって絶えず下に動こうという力が働いています。このような力は、豪雨時や地震のときにグッと大きくなりますが、崩れるほどではない場合、土層や岩盤内には部分的にせん断された小さなキズが残ります（**図7**）。

このような現象が長期間にわたって何度も繰り返されると、土層内には小さなキズがたくさんでき、これらは地中の弱い部分として残っています。これを土層中の弱い部分ということから、弱線と呼びます。弱線は土層内のせん断が繰り返されるうちに少しずつ繋がり、やがて土層中で潜在的なすべり面となります。

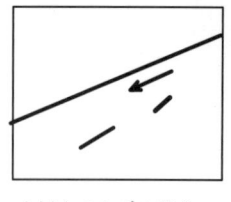

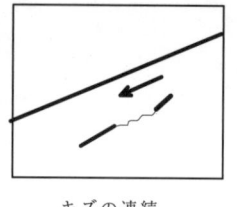

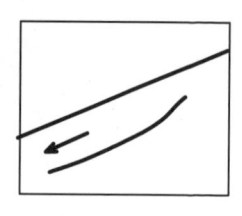

| 土層中のキズの発生 | キズの連続 | すべりの発生 |

図7 すべり面の形成過程

4章 地すべりと山くずれのメカニズム　27

写真2 すべり面、斜めに条線が入り礫が切られている（石倉山地すべり：長崎県）

　潜在的なすべり面の形成過程は、初めに土層や岩盤の動きにより、これらの内部に損傷部分ができた後、動きを繰り返すことによって粘土化した部分が形成されます。このように岩石が壊れ、粘土層ができた部分が損傷領域として破砕帯になります。主に粘土でできたすべり面は水の浸透を妨げるので、滲み込んだ水はこの面に沿って流れますが、粘土層中を浸透する水は、還元状態下での風化を進めスメクタイトやイライトを生成し、これがすべり面の粘土鉱物となります（**写真2**）。

3．地すべり面の形

　すべり面がどんな形をしているか、すべり面がどのような面なのか、どんな物質でできているのか、どうやってできるのかは、防災を考える上で重要なことです。
　すべり面について、これまでにどのような研究の歴史があったかを概観しますと、地すべりの研究が始まったときすべり面は幻

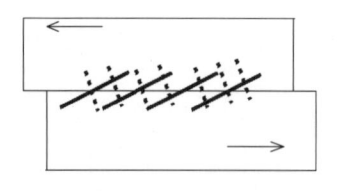

移動方向
実線：リーデルせん断面
点線：共役せん断面

図8 リーデルせん断面

の存在でした。これに対し、構造地質学のせん断帯の問題に対するモデル実験として、リーデルが1929年に不連続なせん断面が平行にできることを実験で示しました（**図8**）。

　これは二つの箱を合わせてその中に土を詰めせん断し、その破壊過程を観察したものです。破壊は、初めにせん断方向に斜交する破断面ができ、次にせん断方向とは逆方向の面が構成され、最後にせん断方向と平行な面ができました。

　地すべりも、すべり面を境にせん断される現象なので、リーデルの考え方を使ってすべり面形成の説明に使われています。

　大切なことは、せん断面ができるときに、三段階あるということです。第一段階は斜交する破断面ができ、第二段階は共役の破断面、第三段階としてせん断面ができます。したがって斜交する破断面と共役方向の破断面は、せん断面を挟んである幅を持っています。これは土層や岩盤が損傷を受けた領域で、これが破砕帯となります。

　日本では、1966（昭和41）年に岸本良次郎が実際の地すべり地で採取した土を使って行った詳細な観察と実験報告により、すべり面が複数のすべり面から形成されていることを明らかにしています。また実際のすべり面については、1965（昭和40）年あたり

から工事現場で規模の大きな集水井戸が掘削され、すべり面が観察できるようになり、その結果、すべり面はリーデルせん断を経て、これに共役方向のせん断面ができることがわかってきました。

　すべり面を実際に観察して、その実態を発表したのは玉田文吾で、1971(昭和46)年に長崎の口之津にある第三紀層地すべり地内の粘土層中に薄い水膜を見いだし、ウォーターフィルムと名付けています。また1989(平成1)年には、紀平潔秀が長崎県の平山地すべりで、すべり面の詳細なスケッチを描いています。このスケッチからは、地すべり面が幅をもつ層であることや、その中には粘土だけではなく岩片も含まれていることが明らかにされています。その後すべり面の観察例が次々に報告された結果、基盤岩の違いにより、すべり面にもいろいろなタイプがあるということがわかってきました。

　すべり面の縦断形については、地すべり研究の初期には、地すべり地の頂部にある滑落崖と下部の末端部を結んで、すべり面として想定していました。しかしそれではすべり面がひどく深いものになるので疑問が持たれていたところ、ボーリングデータが増えた結果、すべり面が一つではなく複数あることがわかってきました。また地すべり地の掘削工事によって、すべり面は全体的に連続したものではなく、所々で切れながら続いていることも明らかになっています。同時に、すべり面の縦断形は平滑な面ではなく、滑らかな凹凸があることがわかりました。

　すべり面の横断形については、観察できる機会は少ないのですが、宮崎県の神門（みかど）地すべりで、断面形が見えた珍しい例があります。ここは道路拡幅のため河に面した末端部を切土したところ動き始めたのですが、船の形をした横断形がはっきりと現れています。写真右側は四万十層に属する頁岩の岩盤なので、

写真3 すべり面の横断形（神門地すべり：宮崎県）

ピシッと切ったようなすべり面として現れましたが、左側は崖錐堆積物なのではっきりとは見えませんでした（**写真3**）。

　すべり面がどのような面なのかについては、水抜き用の集水井戸や深礎工が行われるに伴い、すべり面を観察できる機会が増え、また土塊が実際に動いている場面を観察することも見られるようになってきました。このような観察記録の積み重ねによって、すべり面の実態と動きが明らかになっていくでしょう。

4．土層のクリープ

　斜面の表層は重力によって、絶えず下方に動こうとしています。この動きをソリフラクション、またはソイルクリープと呼びます。

ソイルクリープは年間に数 mm から数 cm の非常にゆっくりした動きなので、人間の目には見えません。この現象を教えてくれるのは斜面に生えている木です。木は土壌層が移動することによって、根が曲がってしまうので、木の曲がり方を見るとクリープ現象が起こっていることがわかります。クリープは動きが小さく、ゆっくりしているために災害にはなりませんが、土壌層が動くので土層中に不連続な面をつくる原因となります。

5．砂の安息角

砂の安息角とは、乾燥した砂を自然落下させたときにできる角度のことです（**図 9**）。

実際に海岸砂をよく洗って塩分を落とし、砂を幾つかの粒径に分けて実験してみますと、粒子が大きいほど安息角は高角度になります。この角度はおおよそ 31〜38 度です。これを対数方眼紙にプロットすると、ほぼ直線に並びます（**図 10**）。これは粒径が大きいほど砂粒子の形がいびつで摩擦が大きく、その効果が安息

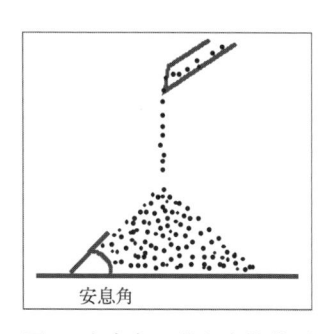

図 9 安息角は砂を自然落下させたときにできる角度

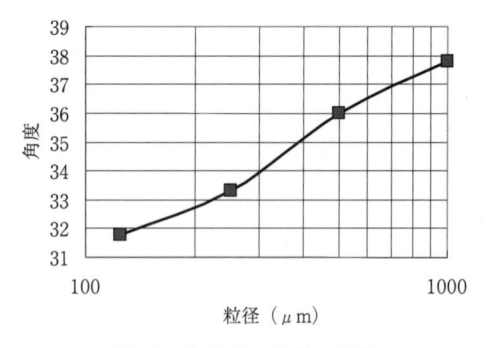

図10 安息角と粒径の関係

角に影響しているためだと思われます。

　安息角は、砂粒子間の摩擦抵抗と自重の斜面方向の分力が釣り合った角度ということができます。このことは、安息角を超えない限り、斜面崩壊は起こらないことを意味します。

5章　地すべり地形

1．地すべり地形ってなに？

　山脈や、火山、平野など地球の表面にある凹凸を地形といい、地形のできる原因やその力を研究している分野のことを地形学といいます。このような地形学は、ヒマラヤ山脈やロッキー山脈のように総延長が千 km を超え、高さも 8 千 m 以上もある地形を主に研究しています。これに対し地すべり地形は山の斜面に生じる凹凸なので、大きなものでも数 km 程度で、一般には数十 m から数 m くらいです。

　日本の最大の地すべりは、富山県の胡桃（くるみ）地すべりや、大阪府と奈良県の県境にある亀の瀬地すべりですが、これらの長さは約 2 km あります。アメリカのユタ州にあるシスル地すべりでも長さが約 2 km です。ヒマラヤ山脈に比べると非常に小さな地形がなぜ問題になるのかというと、地すべり地形は地すべりの結果できたものなので、山が動いた証拠で、今後も地すべりが起こる可能性を示しているからです。

　このような地すべり地形をどうやって見つけるのかといいますと、地形図からと空中写真からの二つの方法があります。山の斜面は等高線で見ると、上部から下部までだいたい等間隔になっていることが多いのですが、地すべりがあると等高線が乱され、不

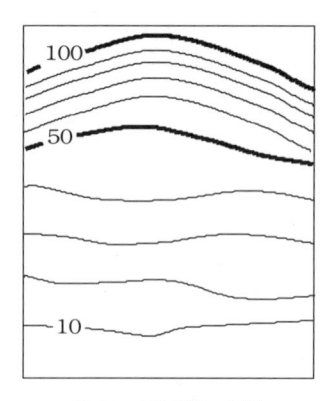

図 11 等高線の異常

自然な膨らみや、急に狭くなっている所ができます。等高線の膨らみは傾斜が緩くなっていることを意味し、狭い所は急傾斜になった場所で滑落崖を意味します（**図 11**）。慣れてくると、2万5千分の1の地形図から、地すべり地形を探し出すことも十分可能です。

さらに詳細な地形は空中写真から見ることができます。空中写真は飛行機から約2km間隔で撮影した写真を立体視するので、過高感という高さを強調して見ることができ、地すべり地内にある高低差が数十cmの凹凸も判読することが可能です。また、カラーの空中写真からは、樹種や枯れ木の有無もわかります。現在、日本では、地すべり地形の分布図が（独）防災科学技術研究所から発行され、インターネットに公開されています（http://lsweb1.ess.bosai.go.jp/jisuberi/jisuberi_mini/index.asp）。

2. 地すべり地の微地形

　地すべり地形で一番目立つのは、地すべり地を囲む滑落崖と呼ばれる大きな崖です（**図12**）。これは地すべりが起こることによってできる崖で、地すべりの最も大きな特徴です。

　滑落崖の形は円弧を描くことが多いのですが、円弧は地すべり地が比較的均質な土質で構成されている場合で、断層や地質の境界など地質構造に影響を受けると直線状になることも珍しくありません。特に長崎、佐賀県の北部に分布する北松型地すべりでは直線状の滑落崖が多く、日本で最大級の地すべり地である富山県の胡桃（くるみ）地すべりも直線状です。

　滑落崖に囲まれた地すべり地内には、地すべりの動きによってできた高さが数mから時には十数mに達する凹凸があります。このような盛り上がりを隆起地塊と呼びます。隆起地塊の特徴は、山の斜面とは反対向きの斜面をつくることです。山の斜面は、当

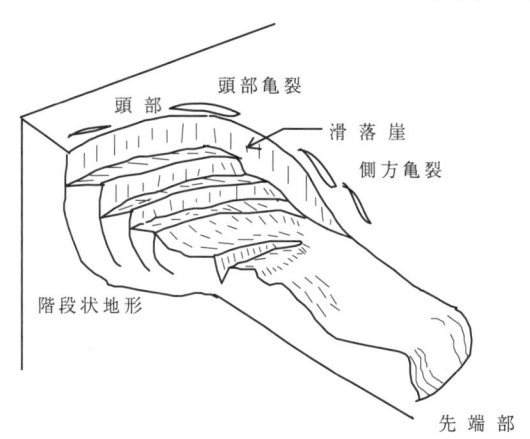

図12　地すべり地の微地形

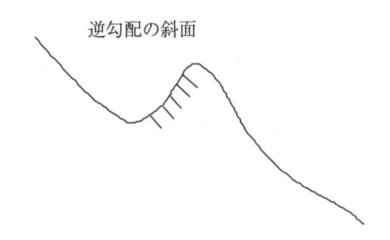

図 13 地すべり地の逆勾配斜面

たり前のことですが、高い所から低い所に向かってだんだん低くなっています。ところが地すべり地では斜面自体が動くので、山の斜面とは反対に傾斜した逆勾配の斜面ができます。この部分を反斜面といい、山が動いた証拠となります（**図 13**）。

　地すべり地には地すべりに伴ってできる亀裂があり、これは頭部にあれば頭部亀裂、地すべり地の両側の場合は側方亀裂と呼ばれます。地すべり地の一番下は先端部とか、舌端部とか呼ばれますが、この部分は盛り上がったり、河川に面している場合は、河川を塞ぐことがあります。これらを総称して地すべり地の微地形と呼びます。

　微地形の形や分布の仕方は、地すべりが今までどのように動いてきたか、また今後どのように動くかを推定する有力な情報となります。それは人でいえば、顔のシワや肌の色つやなどにあたり、その人のたどってきた生活が推定できるのと似ています。

3. 地すべり地形の意味

　地すべり地を空中写真で見ますと、滑落崖に囲まれた移動地塊が見えますが、これは全体的に細長いものや、ずんぐりしたもの、

四角いものなどがあります。このような形は地すべり地の地質構造や岩石、土質、さらに土に含まれる水分量などを反映したものです。

このような全体の形を表現するのにアスペクト比という数値が使われます。これは飛行機の翼やヨットの帆の流線型を表す数値で、長さ（a）に対しその中点の幅（b）の比をとった数値のために縦横比とも言われます（**図14**）。この数値は高いほどスマートで、例えばグライダーの翼は細くて長く、アスペクト比が約10くらいあるのに対し、第二次大戦中の日本の戦闘機ゼロ戦は約2です。ヨットや飛行機ではこの値が高いほど空気効率が良く、低いほど運動性能が良くなります。

地すべりは、岩石が風化してできた粘土に水が加わって滑る現象ですが、アスペクト比が高い地すべり地は、粘土化しやすい岩石でできているので継続的に動くといえます。反対にアスペクト比が低い地すべり地は、岩塊が多く動きが単発的です。したがって地すべり地形は、地すべり地を構成する岩石や砂、粘土の混ざり具合が現れたものといえます。ちょっと硬い言い方をすると、

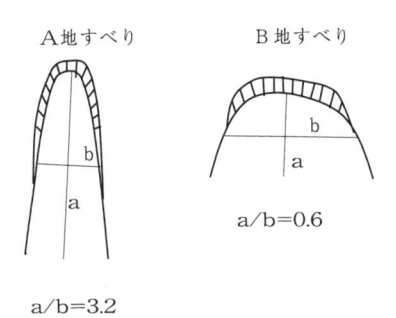

A 地すべり　　B 地すべり

a/b=3.2　　a/b=0.6

地すべりのアスペクト比（縦横比）

図14 地すべり地のアスペクト比

「地すべりの内部構造の形態的表現」ともいえるでしょう（**表3**）。

表3 アスペクト比と地すべりの動き

アスペクト比	構成物	地すべりの動き
1～2	岩石が多い	継続的には動かない
3～5	岩石と粘土が混じる	動く可能性がある
5以上	粘土が多い	継続的、断続的に動く

アスペクト比が小さい地すべりは岩石が多く、継続的に移動することはほとんどないのに対し、これが大きい場合は、粘土分が多く、継続的、断続的に動きます。有名な長野県の茶臼山地すべりのアスペクト比は15なので、細長い地すべりで粘土が多くドロドロでした（**表4**）。

地すべり地形を見つけることがなぜ大切なのかといいますと、地すべり地形があるのは「かつてそこに地すべりがあり、さらに今後も動く可能性がある」という証拠だからです。現在までに知られている地すべり地の多くは、これまでに動いた経歴を持っているものなので、あらかじめ地すべり地形の有無を調査しておけば被害を避けられる場合も少なくありません。地すべり地の被害調査をしますと、滑落崖の下部に道路を通している例がよくありますが、これは地すべり地形として自然が発信している警戒信号を見誤っていたということができます。

表4 有名な地すべり地のアスペクト比

地すべり地	アスペクト比	地すべり地	アスペクト比
黄金湯（北海道）	1	怒田（高知）	5
乙部（北海道）	3	シスル（USA）	6
長者（高知）	4	石倉山（長崎）	7
冷水（北海道）	4	茶臼山（長野）	15

このように地すべり地形は「土地の病巣」跡なのですが、問題なのは、日本のように温暖で樹木の多い所では、地すべり地形が隠されてしまうことです。植物は地すべり地であっても、大きな崩壊が起こらない限り生長します。さらに気をつけなければいけないことは、私たちは木が生えていると安心してしまうことです。ほとんどの山くずれは、青々と茂った山の斜面を切り裂くように起こっています。

4．地すべり地形の東西問題

　日本の歴史は全体的に見ると、西から東へ、南から北へ開けていったという傾向がありますが、地すべり地の開発も例外ではありません。

　四国のほぼ中心にあたる徳島県の祖谷（いや）にある地すべり地は平家の落人伝説があり、地区としては約千年の歴史があります。ここは日本の山村の多くがそうであるように、昭和30年代までは自給自足に近い村落を維持してきました。これは地すべり地が良い農地であったためで、地域内の比較的平坦な場所は水田として、傾斜が急な場合には畑として使われてきました。しかし長い歴史の中で、小さな滑落崖や小規模な地形の凹凸は宅地や畑として改変され、元の微地形は残っていません。

　したがって四国や、紀伊半島のような古い歴史のある地すべり地では、ほとんどの場合、地すべり地全体の輪郭は残っていますが、微小な地形は改変されていると考えていいでしょう。このため、このような地域で詳細な地すべり地形を判読することは非常に困難です。この地域で空中写真を判読する場合「山間部の傾斜

写真4 善徳地すべり地、明瞭な地すべり地形が見られない（徳島県）

地に分布する集落」をプロットすると、そこが地すべり地となります。これで9割くらいは当たります（**写真4**）。

これに対し東北や北海道地方では、人が山奥に集落をつくって住んだ歴史は短く、多くの地すべり地は森林として自然のまま残されてきました。このため地すべり地形はよく保たれています。このことは地すべり学会での研究発表を見ても、地すべり地形の研究発表は東北、北海道に限られ、西日本を対象に行われた例はありません。

6章 地すべりと粘土

1．粘土ってなに？

　粘土という言葉は、幼稚園や小学校で知る言葉ですが、専門用語としても使われます。このように一般的によく使われる専門用語は意味が多様化し、専門用語として使われるときは混乱することが多いのです。このため、粘土という言葉の意味を説明しておきましょう。

　粘土には二つの意味があります。一つは粒の大きさで、もう一つは鉱物です。石が風化して粒が小さくなってゆくと礫、砂、シルト、粘土とだんだん小さくなりますが、粘土粒子の大きさは研究分野で異なります（**表5**）。

　1 μm（ミクロン）は千分の1 mmで、人間の髪の毛が50 μmくらいですから非常に小さく、粘土粒子を光学顕微鏡で見ることはできません。

表5　分野による粘土粒径の違い

	粒径
土壌学	2 μm 以下
土質工学	5 μm 以下
地質学	4 μm 以下

粘土のもう一つの意味は鉱物の一種としての粘土です。地球上の鉱物は化学組成によって11種類に分類され、粘土鉱物はその一つのケイ酸塩鉱物に属しています。ケイ酸塩鉱物は日常的に私たちがよく見かける花崗岩とか砂岩をつくっている鉱物で、地球上の95％を占めています。

岩石は石英、長石、輝石、雲母と呼ばれる鉱物が集まったものからできていて、これらは造岩鉱物と呼ばれます。粘土鉱物は、このような造岩鉱物が風化作用によって変質してできた鉱物なので、風化してできることから二次鉱物と呼び、これに対し造岩鉱物は変質していないので一次鉱物といいます。このあたりは地質学と土壌学の用語が入り交じっている分野なので、両方の言葉を覚えておくと便利です。

ここでちょっと問題です。「ガラスをコナゴナに砕いて $2\,\mu m$ 以下の大きさにしたら粘土と呼べるか？」この問題を考えてみてください。

粒径が $2\,\mu m$ 以下ですから、大きさの点からは粘土といえますが、ガラスはどんなに小さくなってもガラスです。このため粘土鉱物とはいえません。正解は「粒径からいうと粘土だが、鉱物からは粘土ではない」となります。

このことは地すべり地での粘土を考える上で大切なことです。山の斜面には岩石が砕けて粘土粒子の大きさになったものと、岩石が風化して粘土鉱物になったものが混じっているからです。

2．粘土はどうやってできるの？

ケイ酸塩鉱物の一つである粘土鉱物ができる過程には三つあり

ます。一つは地表面で岩石が風化してできるもの、もう一つはマグマから供給された熱水が、岩盤の割れ目に滲み込んでできる熱水起源の粘土です。三つ目は、続成作用と呼ばれ比較的低温でゆっくり変質してできる粘土です。これらのうち地すべりや山くずれに関係する粘土は、風化作用と熱水作用によってできる粘土です。

風化作用

　風化作用は岩石をボロボロに壊し、礫、砂、シルト、粘土へと粒径を小さくする作用です。この作用には、目に見えない化学変化によって岩石が溶かされる過程と、物理的な力によって壊される過程とがあります。風化作用が重要なのは、風化によってつくりだされた礫、砂、粘土などに水が混じることにより、土石流や地すべり、山くずれとなるためです。風化作用は、いわば土砂災害の材料をつくる現象といえます（**写真5**）。

　岩石ができる場所は、堆積岩の場合は地下深くで、圧力の高い

写真5　凝灰岩製の灯籠、天保三年の文字が見える（鵜戸神宮：宮崎県）

所です。火成岩の場合はマグマからできるので、温度の高い場所です。したがって岩石が安定なのは高温、高圧の所です。ところが地表面の浸食によって、岩石が地表面に出てきますと、生まれた所とは大違いの低い温度と低い圧力にさらされます。このような地表面の温度、圧力を一般に常温、常圧といい、人間にとっては適当な環境も、岩石にとっては居心地の良い場所ではありません。このため岩石は、地表面の常温常圧下でも居心地良くいられるように変化しようとします。このように、地表の環境に適合しようとして変化することを風化といいます。

風化作用は大別すると、下記のように分類できます。

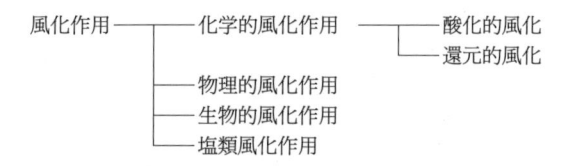

```
風化作用 ─┬─ 化学的風化作用 ─┬─ 酸化的風化
          │                  └─ 還元的風化
          ├─ 物理的風化作用
          ├─ 生物的風化作用
          └─ 塩類風化作用
```

化学的風化作用

「雨だれ岩をも穿つ」という格言がありますが、これは「雨だれのような小さなものでも、長年続けると岩に穴を開けることができる(だからコツコツがんばりましょう)」という意味に使われています。ただこの現象を科学的に説明しますと、雨だれの衝撃によって岩が物理的に壊れるというよりも、岩をつくっている元素が水との化学反応によって溶かされる現象という方が正確です。意外かもしれませんが、石は水に溶けるのです。

実際に水によって岩石がどの程度溶けるかを実験してみました。岩石は宮崎層群と呼ばれる泥岩ですが、反応を早めるために泥岩を砕いて粉にして、長さ16 cm、直径2.3 cmの管に入れました。この管に水を1日につき、30 mℓ流し続けたところ、岩石をつく

っている元素が溶け出し、実験を始めた初期には、ナトリウムや硫酸が多く溶け出しました。ところが2、3週間すると一定の状態となりこれが継続します。

この実験で最も多く溶け出したのはカルシウムイオンで、最も少なかったのは塩素イオンでした。溶け出した元素の量の順番は、カルシウム＞硫酸＞マグネシウム＞カリウム＞ナトリウム＞塩素の順となりましたが、この実験中、カリウムは他の元素とちょっと違った溶け方をすることがわかりました。カリウム以外の元素は、初期には溶け出す量が多いのですが、まもなく一定状態になるのに対して、カリウムはゆっくりと低下し続けました（図15）。これはカリウムが岩石中にしっかり取り込まれ、化学反応をしにくいことを示しています。

この実験中、岩石の色は最初は泥岩特有の灰色であったものが少しずつ赤みを帯び、1年後にはすっかり黄褐色化しました。これは実際の山地斜面に見られる色で、泥岩と水との化学反応の結果、泥岩中の溶けにくい鉄やアルミニウムが残ったことを示して

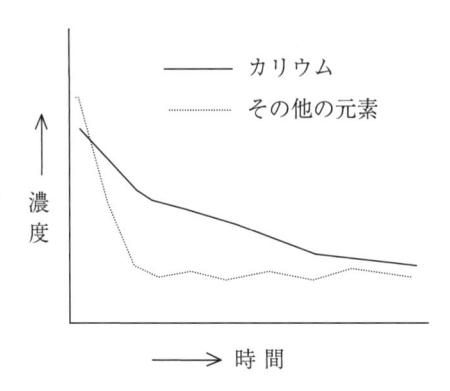

カリウムの溶出はゆっくりと長時間続く

図15　カリウムの溶出速度は特異

います。山の斜面では、このような状態の中で粘土鉱物のカオリナイトが生成しています。

　この現象は泥石中に含有されていた硫化物が、地表面で酸化され硫酸ができ、できた酸は鉱物中の鉄を酸化し酸化鉄となりますが、酸化鉄は赤黄色の錆（サビ）色を呈するため、地表にある岩石は、酸化され黄褐色、赤褐色になります。このような風化は、酸素の供給がある状態で起こるので、酸化的風化といいます。

　これに対し、地中深くにできる断層や節理、亀裂は岩石の不連続面となり、同時に水の通路になっています。岩石の中を水が通ると、水と鉱物をつくっている元素との反応が起こり風化が始まり、ナトリウム、カリウム、マグネシウム、カルシウムなどが溶け出しアルカリ性となります。したがって、地下深くの断層や地すべり面の水は、中性からアルカリ性で、岩石の風化はアルカリ性の中で進行しています。

物理的風化作用

　物理的風化現象として挙げられる現象は、水の凍結による岩石のひび割れ、浸食によって上部の荷重がなくなる除荷作用（シーティング）、塩類の結晶化によるひび割れ、火事による加熱などがありますが、これらの作用は、節理やクラックなど岩石の割れ目が水を溜めるのに十分な大きさになったときに起こります。

　寒冷地域で起こる凍結融解による岩石の破壊は、冬期に起こる大規模な落石事故として記憶されていると思いますが、1996（平成8）年2月10日に小樽市の国道229号線で、凝灰岩の岩塊がトンネルを押し潰し、乗用車が圧壊された事故がありました。その原因は、凝灰岩の節理に入った水が凍り、節理を押し広げることによって落石が生じたためと言われています。

水は凍ると約9％体積が膨張し、これにより節理や亀裂が押し広げられ壊れます。このことはマッターホルンに初登頂したウィンパーのアルプス登攀記にも、岩棚でのビバーク中、大きな音とともに岩塊が落下してゆくことが書かれ、この原因として凍結により岩石が壊れると説明されています。

温度の変化に伴う風化現象としては、砂漠や高山地域での急激な温度変化が挙げられ、このような地域では、岩石は夏期の直射日光の下で表面は70°～80℃くらいになっているので、ここに雨が降りますと急激に冷やされます。ところが岩石を構成している造岩鉱物は、それぞれ膨張係数、収縮係数が違っているので、ヒビ割れが発生し岩石が壊れるという考え方です。

しかし温度変化による風化の進行については、1936年にアメリカ人のグリッグスが緻密な実験を行い、温度の変化による風化を否定しています。グリッグスの実験は、磨いた花崗岩を熱した後、冷風によって冷やすことを繰り返し、これによって244年分に相当する加熱と冷却を繰り返しましたが、岩石の表面には変化は起こりませんでした。これに対して冷却のときに水を使うと、磨いた岩石の表面は不透明になり風化が起こったことが観察されました。グリッグスはこの実験により、風化を進めるものは水であり、温度変化ではないと結論づけています。

このことから、日本のような温暖な気候下では温度変化による風化作用は小さく、水による影響が大きいといえます。

塩類風化作用

塩類風化は、岩石中に含有される塩類が水に溶け出し、岩石の表面で再結晶するときに岩石を破壊する現象です。これは岩石内部では水によって化学的な風化が進み、表面では結晶化という物

理的な現象が起こったことによって発生した風化です。

この現象が大きくクローズアップされたのは、昭和40年代の宮崎市で、周辺の丘陵地を宅地化して家を建てたところ、床下にあって畳などを支えている束石（つかいし）が壊れるという事件が発生しました。束石はもともとは石だったのですが、昭和30年代よりコンクリート製に変わりました。束石が壊れた原因として、初めは束石自体が粗悪品だったとか、床下に散布したシロアリの薬剤説などがありましたが、調査した結果、泥岩による塩類風化現象であることがわかりました。

束石が壊れるメカニズムは、その後の研究によって明かされました。家の外に降った雨はゆっくりと床下に滲み込みますが、床下の土は泥岩を砕いて土となったもので、水は岩石を構成していた元素を溶かしながら床下に到達します。

床下に達した水は床下の土から蒸発し、一部は束石に浸透してここから蒸発します。蒸発するのは水だけで、溶かしていた元素を床下に残してゆくのです。このため泥岩地帯を宅地にした所では、束石と床下が白っぽい結晶で覆われました（**写真6**）。この現象は砂漠にできる塩類集積と同じで、いわば床下砂漠といえる

写真6 崩れた束石（大塚台：宮崎市）

ものです。メカニズムがわかってしまえば解決方法は簡単で、床下に「ビニールシートを敷く」ということで一件落着しました。

　泥岩がなぜこのような現象を起こすのかといいますと、それは泥岩ができるときに原因があります。泥岩は河川によって運ばれてきた泥が、プランクトンなどの有機物と一緒に海底に沈みできますが、海底はこのような有機物のために酸素の乏しい嫌気的な環境になります。嫌気的環境の下で、硫酸還元菌の活動により黄鉄鉱ができ、黄鉄鉱は堆積物中では安定しているので、長い年月地層中で保持されますが、開発などにより地表に出て酸素に触れると、急速に酸化され硫酸ができます。硫酸は強酸であり岩石の風化を促進するので、原因は急速な開発による泥岩の風化にあったわけです。

　これは、泥岩や頁岩の分布地域ではどこにでも起こる現象で、宮崎市での事件があった後、川崎市や三浦半島周辺の町でも問題になりましたが、宮崎の例があったのでいち早く手を打つことができました。しかし現象自体がなくなった訳ではなく、泥岩を基盤とした宅地では今も同じような被害が出ています。

　凝灰岩にも同じような現象があり問題になっています。日本には各地に平安時代から鎌倉時代に崖に彫られた摩崖仏が大切な文化財として保存されていますが、これが壊れる現象です。摩崖仏を冬場に観察すると表面に結晶が析出していますが、夏場には見られません。このことは、結晶に潮解性のあることを意味しています。

生物的風化作用

　生物的風化は、生物が活動することによって出る化学物質に由来する風化現象なので、化学的風化作用ということもできます。

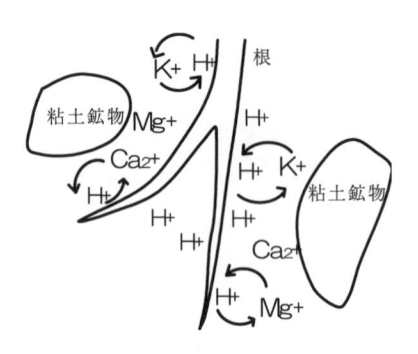

図 16 根と粘土のイオン交換

　植物の根は呼吸作用により絶えず炭酸ガスを出していますが、これは水に溶けて炭酸になります。一方、植物の細根の表面にはマイナスイオンがあり、このために根の周りは水素イオンで取り囲まれます（図 16）。

　水素イオンは、岩石から溶け出したカリウム、マグネシウム、カルシウムなどと交換され植物に吸収されます。植物はこのように岩石から溶け出たイオンを吸収し続けるので、根の周辺は化学平衡が常に破れ、風化作用は継続します。また根は生長すると1 cm^2 当たり 4 〜15 kg の圧力を発生し、これによって周辺の節理やクラックを押し広げ壊してゆきます。したがって、根は化学的風化作用と、物理的風化作用を及ぼしながら、全体として生物的風化作用を行っているといえます。

風化殻の形成

　風化が進み表面が赤褐色になった砂岩を切断し、断面を見ますと、表面付近はミカンの皮のような殻ができています。これを風化殻といいます。次に、皮にあたる赤褐色の部分を偏光顕微鏡で観察しますと、表面近くの赤褐色の部分は雲母や長石の一部が多

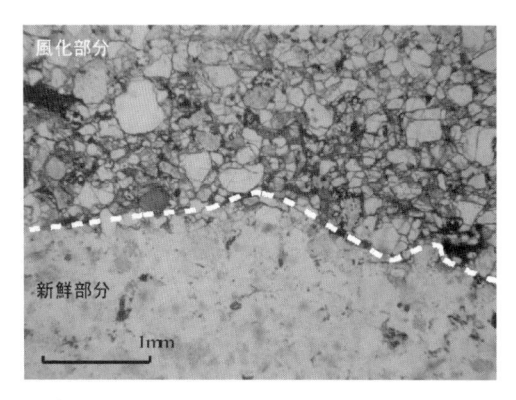

写真7 風化殻の構造（砂岩）上部が風下部、下部の白い部分が新鮮部分

色性を失っていることから、粘土化していることがわかります。ところが、この周りにある石英は風化をしていません。したがって全体として赤褐色に見える風化殻も、風化を受けているのは主に雲母や長石です（**写真7**）。

このことから風化の進行を考えますと、風化は雲母の粘土化から始まり、次に長石へ進みながら、粒子間に鉄分が沈積し、鉄の酸化による膨張によって、砂岩としての固結を失って元の砂に戻る、という過程が推定できます。

岩石全体を被う赤褐色の皮のような部分は、内部の新鮮な部分とは物性が違うので、境目ができてタマネギの皮を剝くように壊れます。これをタマネギ状構造、英語ではオニオンストラクチャーと呼びます（**写真8**）。タマネギ状構造を示す岩石は、組成が等粒状のものに多く、花崗岩、安山岩、玄武岩などに多く見られます。

写真8　泥岩のオニオン構造

熱水による粘土の生成

　熱水変質は、マグマから出てきた高温の液体が、周辺の岩石を変質させることです。熱水の温度は100〜500℃程度で、変成作用よりも低く、風化作用よりも高いと考えられ、熱水による粘土の生成は「変質」と呼ばれて、風化とは区別されています。

　熱水変質によってできる鉱物は、熱水に含まれる元素や周辺の岩石の種類によって異なり、生成する鉱物によって緑泥石化作用、プロピライト化作用、絹雲母化作用、珪化作用、粘土化作用などと呼ばれています。

　温泉の周辺では、地表から滲み込んだ水が熱水中の硫化水素(H_2S) や硫酸(SO_4) を含む高温のガスと反応し酸性の水となり、この酸性溶液が岩石を溶かします。この作用が続くと、最後には溶けにくいアルミニウムとケイ素が残りカオリナイトができますが、さらに反応が進むとアルミニウムも溶かされ、ケイ素でできたクリストバライトに変わります。熱水からできる粘土は、熱源の温度と距離によって温度、圧力が異なるため、いろいろな粘土ができて、リング状に特定の粘土鉱物が分布しています。こ

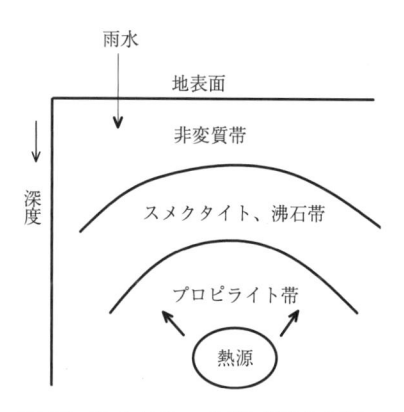

図17 粘土鉱物の分帯（別府市明バン地すべり）

のような分布を分帯と呼び、別府市にある明バン地すべりでは**図17**のようなモデルが考えられています。

続成作用

風化作用と熱水変質作用は岩石を粘土に変化させる作用ですが、これに対し海底や湖底などの比較的低温低圧力の元で、堆積した砂や粘土が固結することを続成作用と呼びます。一例を挙げると、スメクタイトが温度と圧力の上昇によりスメクタイトとイライトの混合層鉱物となり、さらに続成作用が進むとイライトになります。この過程でスメクタイトは層間にカリウムを固定しますが、マグネシウムを固定した場合は緑泥石に変化します。

3．粘土鉱物の種類

粘土鉱物の基本構造は、ケイ素（Si）を中心に、4つの酸素

○ 酸 素　　　⊕ OH
● Si　　　　● Al、Mg

ケイ酸四面体　　アルミニウム八面体

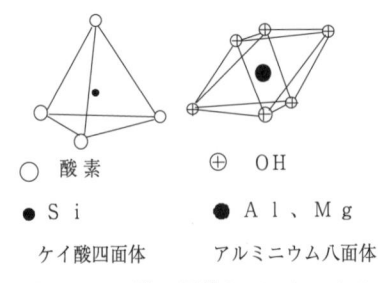

図 18 ケイ酸四面体とアルミニウム八面体

(O) が周りを囲んだケイ素四面体と、アルミニウム、マグネシウムを中心に、6つの水酸基が囲んだアルミニウム八面体の二つから構成されています。ケイ素四面体は六角形に連なり四面体シートをつくり、アルミニウム八面体は連なって八面体シートをつくり、これらが立体的に積み重なりながら粘土鉱物を構成しています（**図18**）。このため粘土鉱物は、泥状にしたものを静かに置いて乾燥させると、板を積み重ねたような形になります。この板と板との間隔を底面間隔と呼び、粘土鉱物は種類によって底面間隔が異なっているので、このことから種類を決めます。

それでは粘土鉱物の種類にはどんなものがあるのでしょうか。

粘土鉱物は層構造によって1：1型、2：1型、混合層粘土鉱物と非晶質粘土鉱物に分けられ、さらに、群、種に分類されています（**表6**）。山地災害に関係する粘土鉱物の場合は、群までの分類が必要でしょう。

カオリン族は、ケイ素四面体とアルミニウム八面体が一層ずつ重なって単位結晶を作り、二層型または1：1型と呼ばれます。これは、ご飯の上にネタを置いた握り寿司に似ています。カオリン族に属しているのはカオリナイトとハロイサイトで、カオリナ

表6 粘土鉱物の種類

	型	群（族）	種
I	1：1型鉱物	カオリン鉱物	カオリナイト　ディッカイト、ナクライト、ハロイサイト
		蛇紋石	クリソタイル、アンチゴライト、リザルダイト
II	2：1型鉱物	パイロフィライ	パイロフィライト
		タルク	
		スメクタイト	モンモリロナイト、バイデライト、ノントロナイト、サポナイト、ヘクトライト
		バーミキュライト	バーミキュライト
		雲母粘土鉱物	イライト、セリサイト
		緑泥石	Fe, Mg 緑泥石、シャモサイト
III	混合層鉱物	規則型、不規則型	
IV	非晶質鉱物	アロフェン イモゴライト	

イトの底面間隔は7.2Å、ハロイサイトは層間に水が入った場合底面間隔は10.25Åとなります。カオリナイト鉱物は地表面の環境では安定な粘土鉱物で、土壌中や表土中で風化によって生成されます。

Åは長さの単位でオングストロームといい、10^{-8} cm です。これは国際的に認められたSI単位ではないのですが、長く使ってきているので、暫定的に使用が認められています。

すべり面の主要な粘土鉱物であるスメクタイト族の基本構造は、ケイ素四面体が、アルミニウム八面体を挟んでいるので、パンの間に野菜やハムを挟んだサンドイッチに似ています。これは三層型または2：1型と呼ばれ、このタイプにはイライトとスメクタ

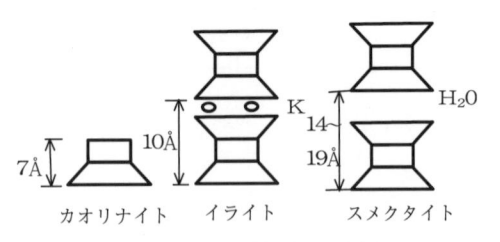

図 19 粘土鉱物の層面間隔

イトがあります（**図 19**）。

　イライトは層間にカリウムをがっちり固定しているので、底面間隔は 10Å で膨張性はありません。これに対し、スメクタイトは水を含みますと層間隔が 15〜20Å に膨張するので、この性質は地すべりの発生と大きな関係があります。

　ここでスメクタイトという名前について説明しておきますと、膨潤性を持っている粘土鉱物のことを、以前はモンモリロナイトと呼んでいました。しかし族名と種名が一緒では混乱してしまうので、1976 年の国際粘土研究連合で、スメクタイトを族名とすることを決めました。

　混合層鉱物は 2 種、3 種の異なる粘土鉱物が積み重なったもので、規則的に重なったものを規則混合層といい、不規則に重なったものを不規則混合層といいます。規則混合層鉱物は層面に垂直方向に規則的な周期を持っているので、固有の鉱物名が付けられています。

分析用試料の作り方

　粘土鉱物の分析には X 線回析が使われますが、そのためには X 線回析用の試料をつくる必要があります。粒径が 2 μm の粘土試料をつくる方法を次に書きます。

6章 地すべりと粘土　57

定方位法（結晶の方向は一定）

泥水　　乾燥

スライドガラス

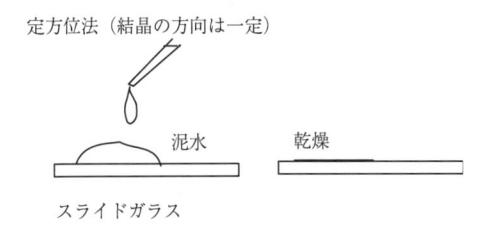

不定方位法（結晶の方向はランダム）

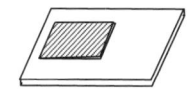

アルミニウムホルダーに詰める

図20 定方位法と不定方位法

① 採取試料約30gを500mℓの三角フラスコに入れ蒸留水を注いだあと、振盪器で30分振盪する。
② フラスコの泥液を500mℓのトールビーカーに移し、8時間静置する。
③ 8時間後サイフォンで8cm深さから泥液を回収する。
④ 泥液を遠心分離器にかけ上澄み液を除く。
⑤ 遠沈管に残った粘土をスライドガラスに滴下し風乾する。

　この方法は自然乾燥で粘土の結晶が板状に並ぶので、定方位法と呼ばれます。これに対し、試料を乳鉢ですりつぶしフォルダーに詰めたものを不定方位法、またはパウダー法、粉末法と呼びます。二つの方法のうちどちらが適しているかは、なにを同定するかによって異なりますが、一次鉱物も含めての分析の場合は不定方位法で行い、粘土鉱物の場合はピークが鋭くなるので定方位法が優れています（**図20**）。

粘土鉱物の同定法

粘土鉱物の中にはクロライト、バーミキュライト、スメクタイトのように底面間隔が同じものがあるので、この場合は薬品処理や熱処理をして底面間隔を変化させることにより、ピークを移動させたり、消滅させて種類を決めてゆきます。

粘土鉱物の分析で特に注意しないといけないのは、14Åにピークを持つクロライト、スメクタイト、バーミキュライトです。これらを分析するためにエチレングリコールを浸潤させますと（EG処理）、スメクタイトは17～18Åに移動します。

図21は、礼文島の元地地すべりで採取した粘土で、14.1Åのピークがエチレングリコール処理によって17.2Åに開いています。これを「ピークが低角度側に移動した」と表現します。このことから、14Åピークはスメクタイトであることがわかります。EG処理のピークが小さくなっているのは、エチレングリコールの滴下によってサンプルの表面が乱されるためです。クロライトとバーミキュライトはエチレングリコール処理によっても変化しませんが、加熱処理によって、バーミキュライトは10Åに移動

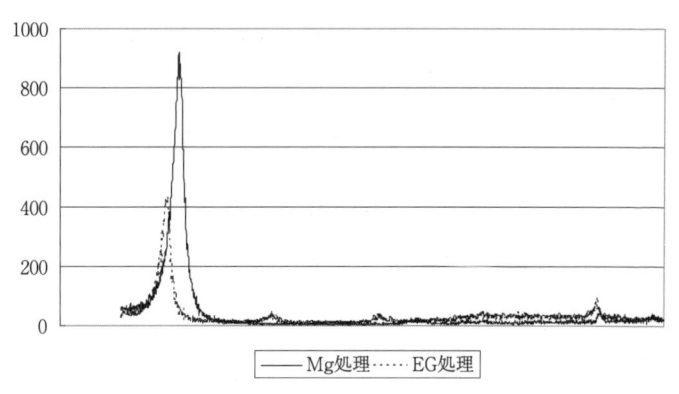

図21　14Åピークのエチレングリコール処理による移動

EG処理による14Åの分離(サンプル：御荷鉾緑色岩)

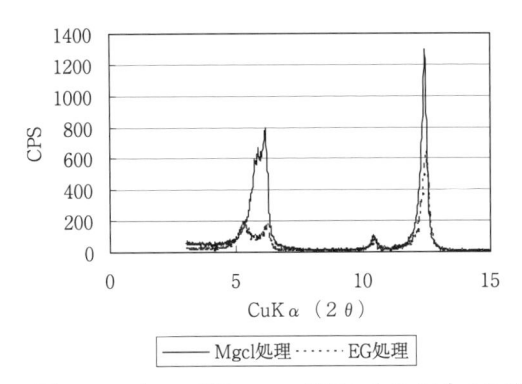

図 22 エチレングリコール処理による 14Å の分離
(Mgcl 処理：塩化マグネシウム処理、EG 処理：エチレングリコール処理)

するので、このことによって同定できます。

　図 22 は、四国の御荷鉾（みかぶ）帯の地すべり地にある灰緑色の粘土です。4本のピークはクロライトの1、2、3、4次ピークですが、14Åの1次反射はスメクタイトと重なっている可能性があるのでエチレングリコール処理をしますと、一部が17Åに移動してピークは2本に分離しました。これによって、この粘土にはスメクタイトとクロライトが含有されていることがわかります。

　クロライトとカオリナイトが混在する粘土の場合、2次反射の7Åと3次反射の3.5Åが重複するので、550℃に加熱することによって、熱に弱いカオリナイトが消滅することから、その存在を知ることができます（**表7**）。三波川の結晶片岩起源の粘土はクロライトとカオリナイトが混在しているので、分析にはこの処理が必要です。550℃への加熱のとき注意しなければいけないことは、スライドガラスは石英ガラスを使うことです。普通のガラ

表7 薬品処理、熱処理による粘土鉱物のd値の変化

	Mg	Mg-eg	K	K-350	K-550
クロライト	14.2	14.2	14.2	14.2	14.2
バーミキュライト	14.2	14.2	10.4	10.4	10.0
スメクタイト	14.0	17.0	12.0	10.4	9.5
ハロイサイト	7.4	7.4	7.4	7.4	―
加水ハロイサイト	10.1	11.0	10.1	7.4	―
カオリナイト	7.1	7.1	7.1	7.1	―
イライト	10.0	10.0	10.0	10.0	10.0

Mg：Mgcl 飽和粘土　　K：Kcl 飽和粘土　　K-350：Kcl 飽和粘土を350度で加熱

スだと変形してしまいます。

X線回析の試料作成法

　X線回析のための試料作成は、不定方位法と定方位法の二つの方法があり、不定方位法は粉末法とも呼ばれ、結晶度の良い岩石、鉱物の試料を分析するのに適しています。この方法は試料をメノー乳鉢で砕き、これをアルミホルダーに詰めたものを用います。粉末法は結晶の配列がランダムなので、反射強度が弱く、粘土鉱物の同定では、対象物の含有量が10％程度ないと回析パターンに現れないことがあります。

　図23は、宮崎層群の泥岩を、同じサンプルを使い粉末法と定方位法で比較したものです。粉末法では14Åに反射がありませんが、定方位法では14Åに大きなピークが出てくることがわかります。この14Åはスメクタイトなので、粉末法だと重要なデータを見逃すことになります。

　定方位法は試料の粘土を懸濁状（泥状）にして、スライドガラ

定方位法

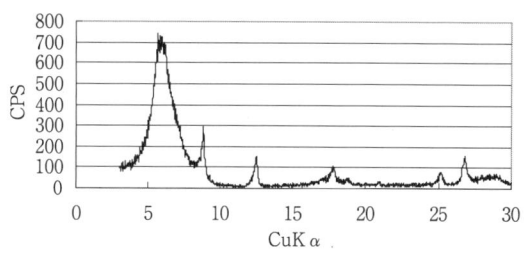

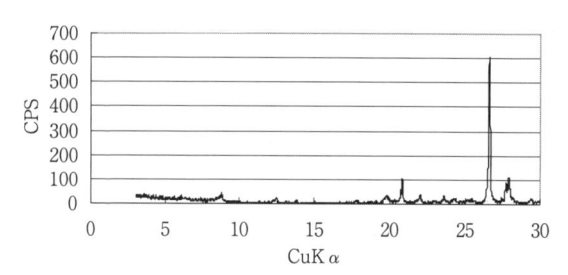

図23 同じサンプルを定方位法と粉末法で試験した例
定方位法では14、10、7Åに粘土鉱物のピークがあるが、粉末法にはない

スに滴下し自然乾燥させるものです。このため粘土鉱物が層状に並び反射が強くなるので、風化の研究には定方位法が用いられます。

X線回析の注意点

一般的に機器による分析は、使用する機器の分析能力が重要です。このため、X線回析においてもデータの発表に際しては、使用機器名とともに使用時の電圧、電流、スキャン速度、カウント数などの実験条件の記載が欠かせません。また回析結果から得られる回析パターンには、回析時に得られるカウント数（CPS：

縦軸）が記録され、これは鉱物の結晶度に関係する情報が含まれています。またバックグラウンドの高さは鉄分の含有量の多さを示す重要な情報なので、欠かせないデータです。

サンプル採取の注意点

　分析用の試料は野外調査のときに採取しますが、適当な露頭がない場合や、より深い場所の試料を得るためにボーリング試料を使うことがあります。岩石のような硬い試料が目的のときはボーリング試料でいいですが、断層粘土や破砕帯の粘土を目的とした場合は要注意です。それは粘土になった部分は、柱状試料を採取する場合に、剥離したり脱落したりしてうまく採取できていないことがあるからです。こんな場合、分析を精緻にしてもデータには問題があります。

　粘土の試料は表層土とある程度の深さからの試料が必要です。それは表層の風化環境と深層の風化環境は違っているので、同じ場所でもできている鉱物は異なるからです。特に断層や破砕帯がある場合は、必ず採取する必要があります。表層土ばかりを採取すると、分析結果がカオリナイトばかりということになりかねません。風化の元となった源岩を知るために岩石の採取も必要です。

4．粘土の塑性とコンシステンシー

　粘土は、コロコロと丸めたり細長い棒に伸ばしたりすることができます。さらに腕を上げると、お茶碗をつくったり複雑な形をしたポットをつくることができます。これは粘土がもっている塑性と言われる性質を利用したものです。この性質の発見は、人々

を毎日の水汲みから解放しました。人は水なしでは生きられないので、昔の人は川の側での生活を余儀なくされましたが、水瓶の発明により水を運んだり、溜めたりできるようになりました。

もう一つ粘土には変わった性質があります。粘土は乾燥するとカチカチの石のようになりますが、これに水を加えると柔らかくなり、もう少し水を増やしますとネバネバになりいろいろな形にできます。さらに水が増えるとドロドロの液状になります。このように、土がカチカチの固体から水のような状態へ変化することをコンシステンシーと呼びます。

土の中に含まれる水の量を含水比といい、液体の状態から粘土の状態—これを塑性といいます—になる含水比を液性限界、塑性から半固体になる含水比を塑性限界、さらに半固体から固体となる含水比を収縮限界と呼びます。これらの三つの状態を示す含水比を総称して限界含水比と呼び、この限界含水比はスウェーデン人のアッターベルクによって試験法が考え出されたため、これをアッターベルク限界またはコンシステンシー限界とも呼びます（**図24**）。

液性限界と塑性限界の差を塑性指数といい、この数値が大きいほど粘土の状態を長く保つことができ、水をたくさん含むことができるということができます。液性限界と塑性限界はパーセント

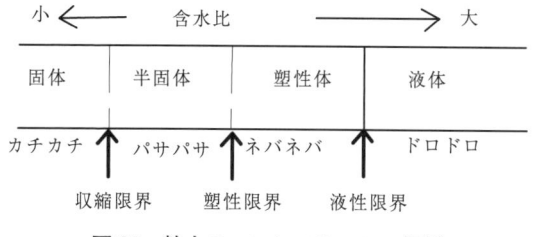

図24 粘土のコンシステンシー限界

表 8 イオン交換による塑性指数の変化

イオン	Ca			Na		
粘土鉱物	LP	LL	Ip	LP	LL	Ip
スメクタイト	65	166	101	93	344	251
イライト	40	90	50	34	61	27
カオリナイト	36	73	37	26	52	26

(R. E. Grim: Clay Mineralogy (1964) より抜粋)

で表されますが、塑性指数は Ip＝43 のように単位がありません。

　塑性指数は土中の粘土鉱物と含有量に影響を受け、粘土鉱物が同じ場合、粘土の含有量が多いほど大きくなります。また粘土の含有量が同じ場合は、粘土鉱物の種類により、スメクタイト＞イライト＞ハロイサイト＞カオリナイトの順で小さくなります。さらに塑性指数は、層間のイオンの種類にもよっても違ってきます。この場合スメクタイトは、イオンによって塑性指数の変化が大きく、カオリナイトはあまり変化しません（**表 8**）。

7章　山地斜面の粘土

　粘土鉱物は、同じ場所でも深さによって違うものができています。これは、表層部では動植物の腐植などにより酸化作用によって風化が進み、深層部では還元環境の下で風化するためです。このため同じ場所でも深さによって異なる粘土鉱物ができ、この違いは土の色と pH に現れます。

1．表層土の粘土鉱物

　山くずれ跡には黄褐色の土がありますが、この土に含まれる粘土鉱物は、ほとんどがカオリナイトかバーミキュライトです。これらの粘土鉱物は雲母、長石など一次鉱物（造岩鉱物）の風化によって生じたもので、時間の経過に伴ってバーミキュライトからカオリナイトへと変化します。ということは、山の斜面が安定していると、いずれはカオリナイトになるということを意味します。模式的に表すと**図 25** のようになりますが、これは、時間の経過に伴って一次鉱物が風化して、カオリナイト、バーミキュライトとなってゆくことを示しています。

　四国に分布する三波川変成岩帯には、結晶片岩と呼ばれる緑色の緑泥片岩や黒色の泥質片岩が分布していますが、ここに発生する地すべり地の表層部には、厚い黄褐色の風化層が分布していま

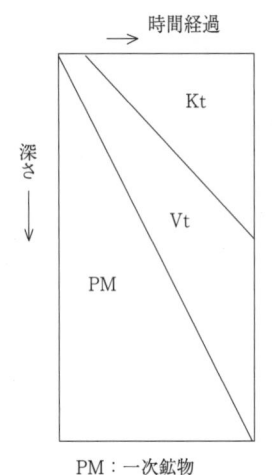

PM：一次鉱物
Vt：バーミキュライト
Kt：カオリナイト

図25 時間の経過と深さの変化による粘土鉱物の変化

す。この風化層に含有される粘土鉱物は、ほとんどカオリナイトです。このことは、結晶片岩が長期間風化を受けるとカオリナイトになることを示しています。

花崗岩の例を見ますと、滋賀県の南部に田上（たなかみ）という花崗岩が広く分布している地域があります。ここは奈良時代、平安時代の昔、神社仏閣を建てるために木が伐採されはげ山となり、現在も緑化のための砂防工事が行われているところです。ここの地質は花崗岩で、表層土の粘土鉱物にはバーミキュライトが分布しています（**図26**）。

花崗岩が風化すると一次鉱物の長石や雲母がバーミキュライトになり、さらにカオリナイトに変化するのですが、田上にカオリナイトがないのは、カオリナイトになる前に崩壊が起こるためです。

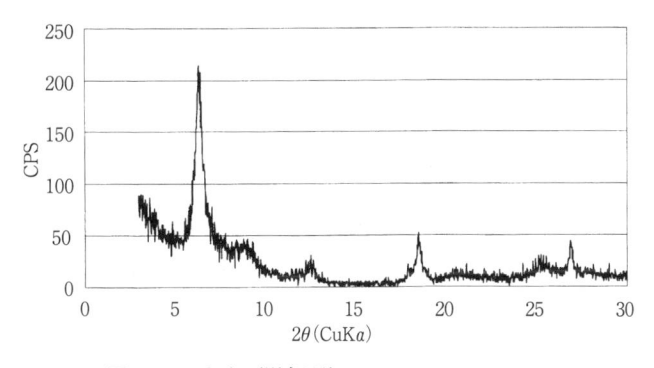

図26 田上山（滋賀県）のバーミキュライト

　なぜ最終的にはカオリナイトになるかといいますと、ここで少し高校の化学を思い出してください。地球上の元素は92種類ありますが、このうち1％以上含まれている元素は8種類です（**表9**）。またこの8種類が98.5％を占めています。したがって風化は、これらの主な8元素が溶け出すことによって起こるというこ

表9　大地を構成する主要8元素

元素	％
O（酸素）	46.6
Si（ケイ素）	27.7
Al（アルミニウム）	8.1
Fe（鉄）	5.0
Ca（カルシウム）	3.6
Na（ナトリウム）	2.8
K（カリウム）	2.6
Mg（マグネシウム）	2.1
合計	98.5

とができます。

　元素が溶け出す場合、早く溶け出す元素とゆっくり溶ける元素とがあり、これを移動度といいますが、風化についての実験によれば、だいたいナトリウムが早く溶け出しカルシウム、カリウムが中間で、鉄とアルミニウムは溶けにくいので残ります。残った鉄とアルミニウムがケイ素と結びつくとカオリナイトができます。

　このように地表面近くでの風化環境で「基盤地質に関わりなくカオリナイトができる」ということは、山地災害に関係する粘土鉱物を調べる上で重要なことです。これは粘土分析用のサンプルを採取する場合、表層土の採取と同時に、より深い酸化の及んでいない層でのサンプルを採取しないと、調査結果が「カオリナイトのみしか分布していない」ということになります。

2．すべり面の粘土鉱物と pH

　山地斜面表層部の粘土鉱物は、主にカオリナイト、バーミキュライトでしたが、深さを増すに従いこの地域を構成する岩石が粘土粒子となった粘土が増えてきます。このため粘土鉱物は減少し、石英や長石、雲母などの一次鉱物が増加します。

　地すべりを特徴づけるすべり面は、崩積土中や風化岩中に生じ、これらをせん断した面で、主に粘土でできています。粘土は透水性が低いので、水はゆっくりと流れながら、粘土と化学反応しスメクタイトやイライトとなります。

　実際のすべり面は、昔は限られた現場の技術者しか見ることのできないものでしたが、最近では防災工事のための深礎工や水抜き工で深く掘ることが多く、これに伴ってすべり面が現れる例は

珍しくなくなりました。その結果、すべり面の写真やスケッチでの報告は多く見ることができ、また採取された粘土の粘土鉱物の分析結果も知ることができます。それらによれば、粘土鉱物はスメクタイトやイライトを主にして、長石、石英など周辺岩石の一次鉱物も含んでいることがわかってきました。

図27 は、清武町（宮崎市）の地すべり地で採取した泥岩に含有していたスメクタイトですが、同時にイライト、カオリナイトも含んでいます。

すべり面がどこにあるかを知ることは、防災工事をする上で重要なことです。このためすべり面を見つけるいろいろな方法が試みられてきましたが、その一つに粘土のpHを測定する方法があります。

泥岩、砂岩により構成されている第三紀層では、すべり面付近の粘土は泥岩中の黄鉄鉱の風化によって強酸性を示します。ただ黄鉄鉱の風化には時間がかかるので、試料を採取後すぐにpHを測定するとアルカリ性を示します。したがって泥岩の場合は、十分ほぐして約1カ月を経た後で測定する必要があります。

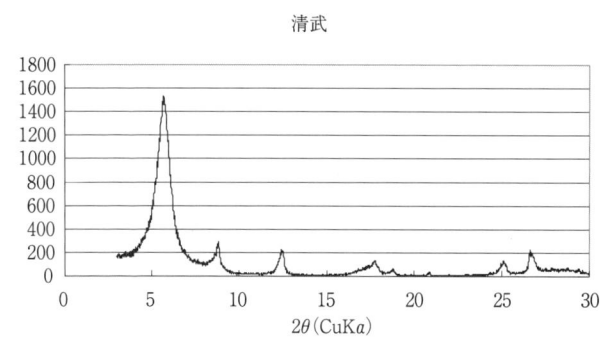

清武

図27 スメクタイトはイライト、カオリナイトと共存する
（清武町：宮崎県）

```
pH   4    5    6    7    8    9   10
```

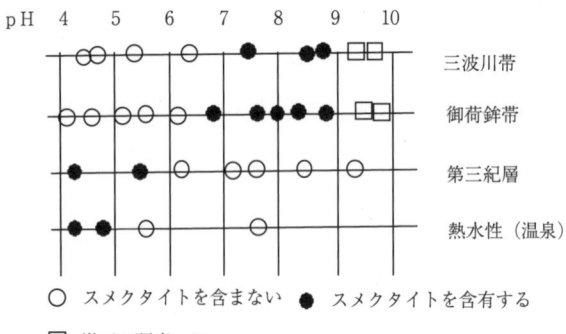

図28 粘土の懸濁 pH とスメクタイト含有の関係：三波
川、御荷鉾帯では pH が高い場合、第三紀層では
低い場合にスメクタイトが含有される

　一方、三波川帯の緑泥片岩地域や御荷鉾帯の緑色岩では、pH
は7〜9のアルカリ性を示します。これは、緑色片岩を構成する
元素のうち、多量に含まれるマグネシウムやカルシウムが溶出す
るためです。

　図28 は、粘土を懸濁状態（泥水）にしてその pH とスメクタ
イト含有との関係を見た図ですが、三波川帯と御荷鉾帯ではアル
カリ性の場合にスメクタイトが含有されていますが、第三紀層の
場合は酸性にスメクタイトが含有されます。熱水性の場合はデー
タが少ないので、今後検討する必要があると思います。

3．スメクタイトの生成メカニズム

　すべり面を構成する粘土鉱物として重要なスメクタイトは、ど
のようにできるのでしょうか？　その詳細なメカニズムはまだわ
かっていませんが、大筋としては地下の還元的な環境下で、長石、

雲母、緑泥石などの造岩鉱物が水との反応により、スメクタイトになると考えられています。スメクタイトの構造は、ケイ酸四面体を固定しているカリウムがなくなり、ここに交換性陽イオンが入ったものなので、カリウムの溶出が重要です（**図29**）。

　実際に長石からスメクタイトができている例としては、宮崎市周辺に分布する宮崎層群と呼ばれる砂岩泥岩中に、砂岩とは色の異なった白色の砂層があります。この砂粒子をX線分析しますと長石であることがわかります。ところが砂粒子は全部白色でなく、実体顕微鏡で見ると灰色〜濃緑色のものがあるので、これを取り出してX線分析をしますと、スメクタイトでした。したがって、ここでは長石の風化によってスメクタイトができています。

　ところで地すべり地でスメクタイトがどのような働きをするかについては、スメクタイトが膨潤性をもつことから、「水の浸透によってスメクタイトが膨張して滑りやすくなる」と説明されることがあります。しかし、地下では粘土はいつも湿潤状態で、乾燥することはありません。したがってスメクタイトの重要性は、他の粘土鉱物より塑性指数が大きく、さらに塑性指数が層間のイオンによって変化するという点にあります。

　これに対し、地表面では一次鉱物からナトリウム、カルシウム、マグネシウム、カリウムなどの塩基が溶出し、これによってバーミキュライトが生成し、さらに溶出が続くとカオリナイトになり

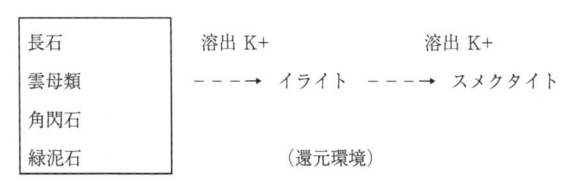

```
┌──────┐
│ 長石  │      溶出 K+           溶出 K+
│ 雲母類 │   - - - → イライト - - - → スメクタイト
│ 角閃石 │
│ 緑泥石 │           （還元環境）
└──────┘
```

図29　一次鉱物からスメクタイトへの変化（還元環境下）

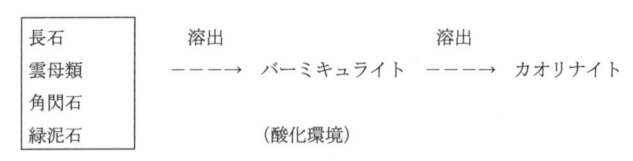

```
長石     溶出              溶出
雲母類    ーーー→ バーミキュライト ーーー→ カオリナイト
角閃石
緑泥石           (酸化環境)
```

図30 一次鉱物からカオリナイトへの変化(酸化環境下)

ます。日本のような温暖多雨な山地では、多くの場合このような変質過程にあり、そのため山地の表層土は、バーミキュライトとカオリナイトが共存している場合が多いのです(図30)。

4.スメクタイトのない地すべり

すべり面の粘土にスメクタイトが含有されていることは、常識のようになっていますが、スメクタイトがほとんど見つかっていない例も多いのです。1960年代に書かれた四国の三波川帯地すべりに関する論文には、「三波川帯ではスメクタイトはない」と報告されています。また1978(昭和53)年に科学技術庁が行った詳細な調査でも、粘土鉱物はクロライトとカオリナイトでスメクタイトは記載されていません。このことから、地すべり地にはスメクタイトがあるという図式は、三波川帯の変成岩にはあてはまりませんでした。

私は、この「三波川帯の変成岩地帯に発生する地すべりには、なぜスメクタイトがないのか」という点に興味を持ちサンプリングを行ったところ、3例見つけました。それは徳島県の倉石地すべり(井川町)、首野(くびの)地すべり(穴吹町)と善徳地すべり(東祖谷山村)です。これらの地すべりの基盤岩は、緑泥片岩と泥質片岩の互層で、粘土鉱物はクロライトと、イライトが共存

するという特徴があります。また、この粘土に含有されるスメクタイトの14Åピークは小さく、したがって量も多くありません。

四万十帯の地すべり地でもスメクタイトの報告例は少なく、1977(昭和52)年に宮崎県と大分県の県境にある宗太郎峠で起こった地すべり地の粘土から発見された例が一つあるだけです。

このように三波川帯の泥質片岩と四万十帯の頁岩にスメクタイトができにくいのは、これらを構成する岩石の化学組成のためと考えられます。三波川帯の泥質片岩も四万十帯の頁岩も、もともとは海中でできた泥岩起源なので、カルシウムやカリウム、マグネシウム、ナトリウムなどの海水の成分を多く含んでいます。このカリウムがスメクタイトの層間に入って層間を固定し、イライト化します。

このようなスメクタイトを含まない地すべり地の粘土の元素構成を調べてみますと、カリウム含有量が4％以上ということがわかってきました。逆にスメクタイトが含まれている場合、カリウム量は1％以下でした。したがってカリウム量が多いとスメクタイトはできず、少ない場合にはできるといえます。

5. 地すべり粘土という言葉の由来

「地すべり粘土」という言葉は小出博が初めて使ったものです。氏は段戸花崗岩の研究で地質学界において大きな足跡を残した人ですが、日本全国の地すべりを研究し、1955(昭和30)年に『日本の地すべり』を書き、その中で地すべり地にある「灰白色または灰黒色の粘土」を「地すべり粘土」と名付けました。その後、地すべり粘土という言葉が一般的になり、粘土鉱物の研究によっ

て地すべり粘土はスメクタイトやイライトであることがわかってきました。

8章　地すべりの原因

1. 地すべりの素因と誘因

　ある現象が起こった場合、本質的な原因と、それを引き起こす引き金となった原因があります。例えばある人が風邪をひいた場合、その人が持っている体質と、そのとき寒かったとか、風が強かったとかいう外的な要因があります。この場合、体質にあたるものが素因で、寒かったとか風が強かったということが誘因です。

　山地はいろいろな岩石でできていますが、地すべりはどこででも起こるわけではありません。平たくいいますと、粘土になりやすい岩石は地すべりを起こしやすく、粘土になりにくい岩石は地すべりを起こしにくいのです。このように、もともと山地が持っている原因を素因といいます。

　これに対し、地すべりのきっかけとなったものを誘因といいます。誘因には、雨、融雪、地震のような自然現象と、土木工事に伴う切土や、盛土、ダムの湛水のような人為的なものがあります。最近は「切土をしたときに雨が降って、地すべりが動き始めた」というような、自然現象と人為的な誘因が複合した地すべりが増えています。

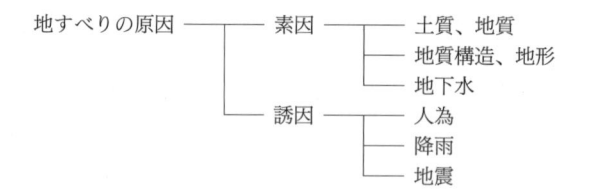

```
地すべりの原因 ─┬─ 素因 ─┬─ 土質、地質
                │        ├─ 地質構造、地形
                │        └─ 地下水
                └─ 誘因 ─┬─ 人為
                         ├─ 降雨
                         └─ 地震
```

2．誘因としての自然現象

融雪

　富山、新潟、石川県のような豪雪地域では、地すべりはその40％が3月から4月の融雪時期に発生しています。新潟県では地すべりの28％が4月に発生し、積雪期（12～2月）から融雪期（3～5月）までを加えると60％が雪と関係しているといえるでしょう。

　雪は地すべりにとって二つの作用を及ぼします。一つは荷重としての雪です。雪は新雪の場合、密度は$0.05～0.15\,\text{g/cm}^3$ですが、時間が経ってざらめ雪になると$0.3～0.5\,\text{g/cm}^3$となります。このため3mの雪が積もると$1\,\text{m}^2$当たり約1トンから1.5トンの荷重が加わったことになります。もう一つ、雪は融けることによって地下水となり、地下水圧を上昇させます。これまでの観測によって、融雪の進行とともに地下水圧が上昇することがわかっています。

　融雪は気温、日射、風、雨水にも影響され、そのうち最も影響するのは気温です。気温と融雪水量との関係は、日平均気温4℃、日最高気温12℃が融雪を促進する目安とされています。

　融雪と地すべりは相関関係が大きく、新潟県で調べた例では、地下水位と日移動量には関係があることがわかっています。その

理由としては、融けた水が地下に浸透するのに時間がかかるためで、融雪水の地下への浸透量は 30〜50 %、樹林では 50〜70 % と考えられています。

地震

　地震により発生する斜面崩壊や地すべりは、地震国である日本では珍しくありません。古くは 1847(弘化 4)年に長野県の善光寺地震による地すべりで、犀川に天然ダムができて、その後決壊して洪水が発生しました。近年では、長野県松代町で 1970(昭和 45)年から 4 年間にわたって起こった松代群発地震における牧内地すべりがあります。1978(昭和 53)年には、伊豆半島地震により多数の崩壊が発生しました。平成に入ってからは、1993(平成 5)年に奥尻島付近で発生した地震によって、約 15 万 m^3 の崩壊があり、斜面の下にあったホテルが埋められています。1995(平成 7)年に神戸市をおそった兵庫県南部地震でも、六甲山地が被害を受けています。最近では、2004(平成 16)年の新潟県中部地震で多数の地すべりが起こり、川がせき止められ家屋、田畑が水没しています。

　一般的にいいますと、地すべり地は粘土や水を多量に含んだ土塊でできているので、地震動は伝わりにくいのですが、斜面方向と地層の傾斜方向が同じであるいわゆるケスタ地形の場合、地震によって板状のすべりが発生します。

　崩壊は山地の尾根近くに発生することが知られていますが、これは地震動が尾根近くで増幅されるためで、地形効果と呼ばれます。地震によって発生する崩壊は、震度が 5 以上になると多発することがわかっています。1999 年に台湾で発生した集集（しゅうしゅう）地震では、全山の表層土が崩壊して一夜にしてはげ山

になった例が知られています。

地下水

　地すべりの誘因となるものは地下水と考えられています。このため最近の地すべり対策工事では、集水井によって、地下水位を下げる工法が行われています。実際、水抜き工によって地下水は下がりますが、地下水と地すべりの動きの関係については、はっきりしたことはわかっていません。一般的にいって、地盤が粘土質の場合は地下水位は高く（浅く）、岩石質の場合は地下水位は低い（深い）のですが、地層の中に粘土層があると、宙水と呼ばれる、ある深さの所に地下水が貯留されることがあります。

　地下水の調査はボーリング孔を使って行われますが、調査には地下水位の観測、地下水の面的な広がりを見る地下水追跡、垂直的な分布を調べる垂直検層、透水試験、水質分析など多くの項目があります。

　ところで、地下水が地下でどのように流れていると思いますか？

　平野では地層がほぼ水平に堆積しているので層状に流れていますが、地すべり地では地下の川のように脈状に流れていることがわかってきました。このような例は、地すべりが起こり土層が切られることにより水脈が切断され、斜面の途中から水が噴き出す現象によってわかります。宮崎県のある地すべり地では、地すべりによって水脈が切られ、水は深さ 18 m の所から地下を沢のように流れ崩壊地から流れ出しましたが、この流れは 2 年以上続きました（**写真 9**）。

写真9 地すべり地からの地下水(島戸地すべり:宮崎県)矢印の位置から面上に湧出している

3. 誘因としての人為

　地すべりの原因には自然によるものと人為的なものがあります。ここでは、人為的な誘因を人為因と呼びます。たとえば最近の土木技術の発達によって、山が一つなくなるような大規模な地形の改変が可能となったため、土木工事をきっかけに地すべりが発生することがあります。こんな場合、工事が誘因なのかもともとの地質や土質に原因があったのか、はっきりわからないことがあります。

　このような自然的な原因と人為的な原因が複合しているタイプには二種類あり、一つはもともと地すべり地帯で、潜在的に地すべりの可能性があったものが、土木工事により誘発される例です。

このような場合、本来地すべりの可能性がある所なので、一度動き始めると止めるのに大変な費用と時間がかかる場合があります。したがって、あらかじめ地すべり地であるかどうかを調べておくことは重要なことです。

　もう一つは、地すべり地帯ではない地域において、切土や盛土をすることによって発生する地すべりです。原因は、切土の場合は土の不安定化、盛土の場合は土圧の変化のために、斜面内部での水の浸透量が変化することによっても起こります。しかし、このような地すべりは工事が直接の原因になっているので予測は困難ですが、継続的に動く可能性は少なく対策工事が有効です。

　ダムの湛水によって誘発される地すべりも少なくありません。これは、ダムの湖岸がもともとは山の斜面であったことによります。

写真10　ダム湖岸の地すべり(一ツ瀬ダム：宮崎県)

山の斜面には上から転がり落ちた岩石や砂や粘土が溜まり、ここに木が生え長い間かかって土壌として地表を覆っていますが、土壌にはたくさんの隙間があり、ここに水が溜まるとスポンジのように水を含みます。一方、ダムは大雨が降ると満水となり、発電や用水で水が使われると水位が下がり、冬期の渇水期にも水位は大きく下がります。水位は下がっても、土層中に含まれた水は動きが遅く水を含んだままになり、土層はその重さに耐えきれず滑り落ちます（**写真 10**）。いわば自分の重さを支えきれず滑るといえるでしょう。これはダム湖周辺の堆積物がそれまでに経験したことのなかった水に接するためで、一定期間（5〜10年くらい）を経過し、ある程度地すべりが発生すると落ち着いてきます。

　日本では、佐久間ダムが完成し満水になったときに、石英片麻岩の節理が原因となり崩壊した例が知られています。最近では、世界最大の三峡ダム（中国）周辺での地すべり発生が問題になっています。

9章　岩石と粘土

1. 岩石の分類

　地すべりや崩壊は、岩石が風化して粘土になる過程で起こるので、粘土の元となる岩石のことを知っておく必要があります。まず岩石の種類ですが、現在地球上にある岩石は堆積岩、火成岩、変成岩の三つに分類され、岩石種としては二千から三千種あると言われています。

堆積岩

　堆積岩は、既存の岩石が風化して岩屑（がんせつ）になり、河や風によって運ばれ水中や陸上で溜まり固まったもので、これは陸地表面の約 80 ％を覆っています。堆積岩のでき方は、次の四つに分類されています。
① 陸上で風化してできた岩屑が河川、氷河、風などによって水中または陸上で沈み固まったもの
② 河川、湖沼などに溶けていた塩類が沈積、蒸発し固化したもの
③ 有機物を起源としたもの
④ 火山噴出物

　これらの作用によってできた岩石は、**表 10** のようにまとめら

表10 堆積岩の分類

岩石の起源	できた岩石種
砕屑沈積岩	礫岩、砂岩、泥岩（頁岩）
化学的沈積	岩塩、石膏
有機起源岩	石炭（植物）、チャート（有孔虫）、石灰岩（サンゴ）
火山噴出岩	凝灰岩

れています。

堆積岩の95％は岩屑からできた砕屑（さいせつ）岩ですが、このうちの80％は泥岩、15％が砂岩、5％が石灰岩です。

泥岩は水中に流れ込んだ有機物や粘土が堆積、固化し岩石となったものですが、堆積した地質時代によって硬さや見かけが異なるので、違った名称で呼ばれています。

堆積年代の新しい第四紀層のものは未固結なので粘土層と呼ばれ、第三紀層のものは固結しているので泥岩と呼ばれます。さらに堆積年代の古い四万十層や和泉砂岩層では、粘土の固結したものは本のページのようにはげることから頁岩（けつがん）と呼ばれます（表11）。

砂が固結した砂岩は、未固結な場合は砂層、固まると砂岩と呼ばれ、砂岩には堆積時代による名前の変化はありません。

表11 泥質物の堆積時代による名称の変化

名称	時代	備考
粘土層	第四紀	未固結
泥岩	第三紀	固結
頁岩	中生代	四万十層
粘板岩	中生代	弱変成作用
泥質片岩	変成岩	変成作用

水中で堆積する堆積岩は、堆積時には水平ですが、その後の造山運動によって傾きます。傾いた地層で大切なことは、地層の上下間は特別な接着剤によって接着されているわけではなく、地層が横方向に連続していることによって支えられているだけなので、急な傾斜の地層の下部を切り取ると、安定を失い容易に滑り落ちます。

　石灰岩はサンゴが堆積してできる岩石で、カルシウムが豊富なためセメントの材料となります。石灰岩は日本では災害の原因には挙げられない岩石ですが、ヨーロッパでは災害の原因となったことがあります。これはイタリアのバイオントダムで、湖岸が地すべりを起こし土塊がダム湖に滑り込み、このため湖水はダムを70mの高さで越え、あふれた水は洪水となって流れ下り下流の村を襲いました。この結果、2600人の人命が失われました。1959年のことです。

火成岩

　火成岩は火山活動によってできる岩石で、これは三種類に分けられています。安山岩や玄武岩のようにマグマが火山の表面に出てきて冷却してできる岩石を火山岩と呼び、火山岩より少し深い所でできるのを半深成岩といい、ヒン岩、石英斑岩などがこれにあたります。非常に深い所でゆっくり冷え固まった岩石は深成岩で、花崗岩が代表的なものです。

　火成岩は一般的に岩質が硬いため、岩石自体が地すべりの原因になることはありませんが、深層風化と呼ばれる、地下深くまで風化が進む性質があり、これは崩壊の原因になります。また岩体に生じた断層や、岩脈または貫入岩体の周辺で、破砕された岩石が断層粘土を生じて滑りの原因となることもあります。

変成岩

 既存の岩石が、岩石が溶けるよりも低い700〜900℃程度の温度と圧力を受け変質してできた岩石を変成岩と呼び、変質を起こす作用を変成作用といいます。変成作用は二つに分類され、広範な地域に対して引き起こす変成作用を広域変成作用、マグマが近くに入り比較的狭い地域の岩石が熱によって変成作用を引き起こすことを接触変成作用といいます。

 変成岩のうちで地すべりを起こす岩石は限られていて、緑泥片岩、泥質片岩、千枚岩、絹雲母片岩です。これらに共通しているのは、いずれも変成度の低い無点紋帯に属する変成岩で、その特徴は風化速度が速いことです。逆に、変成度の高い緑簾片岩や角閃石片岩のような点紋帯の変成岩では地すべりは起こりません。これらは、風化に対する抵抗力が大きく粘土化しにくいのです。

2．粘土になりやすい岩石

 岩石には地すべりや山くずれと関係の深い岩石と、そうでない岩石があります。一般的にいいますと、粘土になりやすい岩石は地すべりとなり、粘土になりにくい岩石は山くずれを起こします。

泥岩

 泥岩は第三紀（260〜6500万年前）に砂岩とともに堆積した岩石で、第三紀層に地すべりが多いのは、地層の堆積年代が新しいため固結度が低く風化しやすいためです。

 泥岩の風化の特徴には、乾湿風化（スレーキング）と呼ばれる乾燥と湿潤を繰り返すと壊れ、元の粘土に戻ってゆく性質があり

ます。この現象は、短いときには2、3日、長くて数週間で起こるので、地すべりや崩壊の原因として挙げられることがありますが、乾湿風化と呼ばれるように、乾燥しなければ発生しません。したがって大切なことは、スレーキングは地表面で起こる現象であるということです。

スレーキングの原因は三つ考えられていて、一つは泥岩中に含まれる膨張性の粘土鉱物であるスメクタイトの膨張による膨張説、二つ目は泥岩中の空気が圧縮され、この力により泥岩が壊れる空気圧縮説、三つ目は泥岩中の塩類が溶け出すことによる溶出説があります。スメクタイトの膨張説は、スメクタイトが含まれていない泥岩でもスレーキングを起こすので原因とは考えにくく、空気圧縮説は泥岩の粒径が数 μm の粒子からできていることから、この中へ急速に水が浸透することは難しいので、これも原因とは考えられません。

残るのは塩類の溶出説です。泥岩をビーカーに入れ水に浸したのち乾燥させることを繰り返すと、泥岩からはナトリウム、カリウム、マグネシウム、カルシウムなどの塩基が溶け出してきます。さらに乾燥と湿潤を繰り返しますと、泥岩はバラバラに砕け、その表面には白色の塩類が析出します。これは泥岩中に含有される塩類が析出したもので、塩類は初期にはナトリウムを主体にした結晶ですが、しばらくするとカルシウムを主体にした塩類に変化します。これらの塩類は、泥岩が堆積したときの海水の成分を取り込んだもので、このような溶出現象に伴ってスレーキングが起こっていることがわかります。

実際に、どれほどのスピードでスレーキングが進むのか測定してみました。宮崎市の南部地域に砂岩と泥岩からできた宮崎層群と呼ばれる地層がありますが、ここに地すべりによって高さ約

スレーキング一量

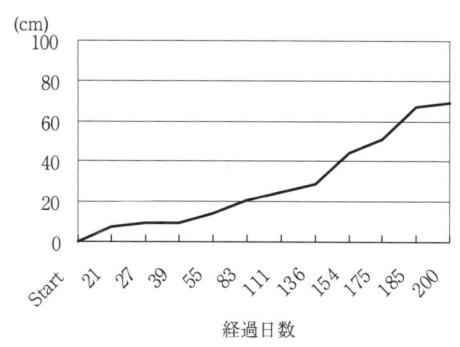

図 31 泥岩のスレーキング測定（サボテン公園：宮崎市）200日間で69cmの岩壁後退が観察された

40mの砂泥互層の岩壁ができました。この岩壁がスレーキングにより急速に崩壊を始めたので、2月から8月までの6カ月間測定したところ、200日間で69cm岩壁が後退しました。これは日量にすると3.4mmとなり、年間にすると126cmです（**図31**）。

単純計算しますと100年で約126mになるので、その調子で進めば宮崎から山がなくなるのではないか、という声も聞きましたがご心配なく、スレーキングは乾湿の繰り返しがなければ起こりません。

したがって、スレーキングにより砕かれた泥岩が泥岩の露頭をカバーすると、その時点でスレーキングはストップします。

頁岩

一般に堆積岩は、時代が古くなるほど硬くなります。このため中生層や古生層の岩石は、第三紀層に比較すると固結度が高く、硬岩に分類されることが多いのですが、堆積年代が古い分だけい

ろいろな作用を長く受けているので褶曲や断層、節理、亀裂が発達しモロさもあります。このため、頁岩は泥岩と同じように乾湿風化しながら元の粘土に戻るスレーキング現象を起こしますが、泥岩に比べると十数倍時間がかかります。これは頁岩の風化形態が、剥離（はくり）性で鱗片状となった後で、粘土化するためです。時間はかかりますがスレーキングによる塩類の析出も起こり、冬期の乾燥した時期には粘土の表面が白色の結晶に覆われる現象が見られます。

　頁岩の分布ですが、紀伊半島から四国、九州を経て、沖縄にまで断続する四万十層（中生層〜古生層）は、砂岩と頁岩を基本に、これらの互層、頁岩優勢、砂岩優勢の場合があります。

　四万十層は、かつては地すべりはないと言われていましたが、最近では大規模な地すべり地形が見つかり、地すべりがあることはわかってきました。しかし四万十層の地すべりの動きは断続的で、一度動くと数十年から数百年以上も停止期間があり、第三紀層の泥岩地帯のようにズルズル動くという例は見つかっていません。

　その原因は三つ考えられ、一つは四万十層の頁岩が泥岩に比べて固結度が高いため粘土になりにくいこと、二つ目は四万十層中にはメランジュと呼ばれる砂岩塊があり、これが連続するすべり面の形成を妨げていること、三つ目は粘土中に地すべりの原因となるスメクタイトが含有されていないためです。スメクタイトが含有されないのは、頁岩中のカルシウム、カリウム含量が多いためと考えられています。いつか四万十層からスメクタイトが見いだされるとしたら、それは断層粘土からだろうと思います。

　四万十層は堆積年代が古いため、褶曲や断層が多いので事前調査をせずに切土するとすべりに悩まされることがあります。

写真 11 串間大平地すべり（宮崎県）

　宮崎県の南部には、古第三紀に属する日南層群と呼ばれる地層が分布し、ここは砂岩頁岩の互層、砂岩優勢部、頁岩優勢部、メランジュ（直径十数 m の砂岩塊）によって構成されています。この地域で道路開設のために切土したところ斜面が動き始め、延長約 100 m の道路を完成させるのに 4 年間を要し、完成した後も年間十数 cm から数十 cm 動いていて、今後も予断を許さないという例があります（**写真 11**）。ここは空中写真で見ると 1970 年代から地すべりがある所でしたので、事前調査の見落としといえるでしょう。この地すべりに分布する粘土は、イライト、カオリナイトを主としていて、スメクタイトは見られませんでした。

凝灰岩

　グリーンタフと呼ばれる緑色の凝灰岩（タフ）も地すべりの原因となる岩石です。これは、新第三紀中新世初期から中期（520〜2000 万年前）の海底火山活動により凝灰岩類、玄武岩、流紋岩などが堆積したもので、九州北部、島根県、石川、富山、新潟、山形、秋田、北海道の日本海側に分布しています（図

図32 グリーンタフの分布

32)。

　グリーンタフが地すべりの原因となるのは、火山活動によって生じた粘土鉱物のためです。凝灰岩の影響によって発生する地すべりのタイプは二つあり、凝灰岩の上をブロック状の岩体が滑る場合と、薄い凝灰岩層がすべり面となって滑る場合とがあります。

　前者の例として、福島県の一ツ坪田地すべりが挙げられます。この地すべりの基盤岩は節理の多い凝灰岩で、地すべりはこの上を滑っています。薄い凝灰岩がすべり面になる例は、長崎県、佐賀県の北部にある北松型地すべりがあり、ここは佐世保層群と呼ばれる第三紀層が分布し、地すべりは佐世保層群の凝灰岩層と、炭層をすべり面として発生しています。

緑泥片岩と泥質片岩

　四国、紀伊半島を横切り埼玉県に達する中央構造線の南側に、三波川変成岩帯と呼ばれる岩帯が分布しています（図33）。

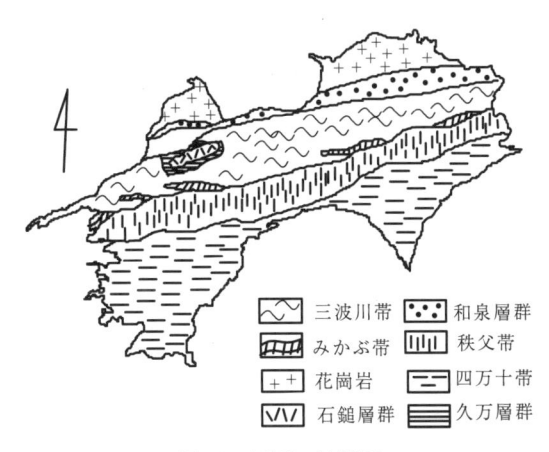

凡例	
〰 三波川帯	∴ 和泉層群
☷ みかぶ帯	||| 秩父帯
+ 花崗岩	= 四万十帯
∨∧ 石鎚層群	≡ 久万層群

図 33　四国の地質図

　ここには変成度の高い点紋片岩から、変成度の低い緑泥片岩や泥質片岩までいろいろな変成岩が分布していますが、このうち地すべりと関係が深いのは、変成度の低い緑色の緑泥片岩と、黒色の泥質片岩です。緑泥片岩は主にクロライトと呼ばれる緑色の鉱物から構成され、外観が緑色であることから緑色片岩とも呼ばれ、泥質片岩は外観が黒いことから黒色片岩とも呼ばれます。緑泥片岩は玄武岩質、泥質片岩は泥岩が変成作用により片状になったものです。

　緑泥片岩を基盤とする地域で粘土化が進んだ場合、粘土鉱物はクロライトができます。一方、泥質片岩の場合にはイライトができます（図34）。

　このような緑泥片岩、泥質片岩が分布している三波川変成岩帯では、表層部には黄褐色の土壌が分布し、ここに含まれる粘土鉱物はカオリナイトとバーミキュライトです。

　このように、表層部の風化によってできる粘土鉱物は、基盤の岩石が異なっても同じカオリナイトやバーミキュライトとなるこ

クロライト：緑泥片岩

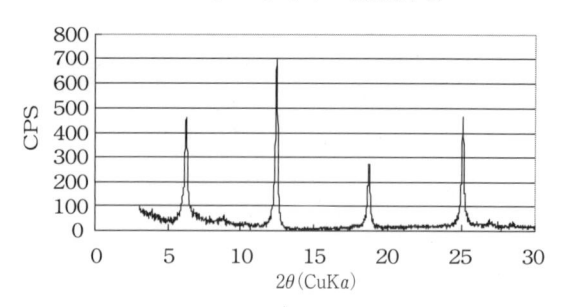

イライト：泥質片岩

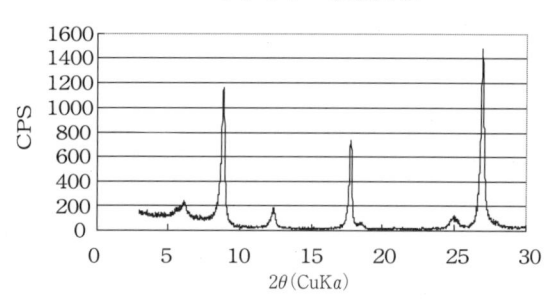

図34 クロライトとイライトのX線回析図

とは、これらがこの地域の環境の下でできる最終的な粘土鉱物であることを示しています。

三波川帯の深層部ではどんな粘土鉱ができているかといいますと、基盤岩によって含有される粘土鉱物は異なり、泥質片岩の場合はイライト、緑泥片岩の場合はクロライトです。また泥質片岩と緑泥片岩の両者で構成されている場合、イライトとクロライトの両方が含有されています。このことから、露頭がない場合でも、粘土鉱物から基盤岩の推定が可能です。

三波川帯の地すべり地では、スメクタイトが見いだされた例は少なく、長い間「三波川帯にはスメクタイトはない」と考えられ

9章 岩石と粘土　93

写真12 泥質片岩（上盤）と緑泥片岩（下盤）の断層（善徳地すべり地：徳島県）

ていました。しかし私は善徳地すべり地の近くで、地表に近い小規模な断層中の粘土からスメクタイトを見いだすことができました（**写真12**）。

これは傾斜が約10度の断層で、上盤が泥質片岩、下盤が緑泥片岩で断層粘土中には両方の角礫が混入していました。粘土鉱物のX線回析によれば、スメクタイトが示す14Åのピークは、エチレングリコール処理によって移動はしましたが、ピーク高は低いため量としては少ないと思われます（**図35**）。

三波川帯でスメクタイトができるのはどのような地質条件かといいますと、緑泥片岩かその風化岩にできたすべり面の場合です。泥質片岩の場合は、この中に含有されるカルシウムやカリウムによって層間が固定されイライト化し、スメクタイトはできません。

善徳

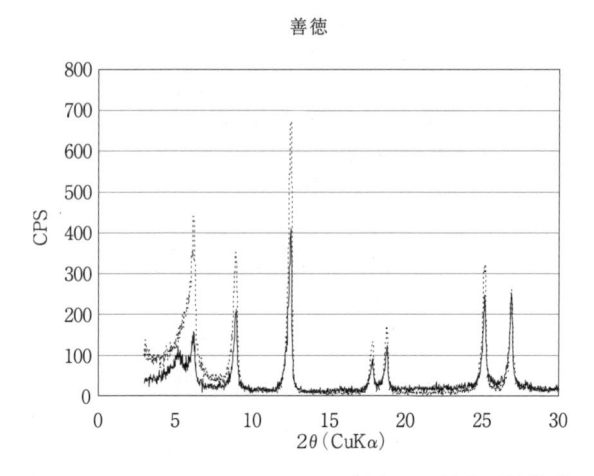

図35 クロライトとイライトが混合した粘土（善徳地すべり）

　三波川帯の地すべり地の特徴の一つとして、厚い風化層の存在が挙げられていますが、風化系列から考えると、厚い風化層があることは、斜面が長期間大きな動きをしていなかったことの証拠です。

御荷鉾（みかぶ）緑色岩

　四国の中央部を横断する三波川変成岩帯の南側に断続的に分布する御荷鉾帯は、地すべりにとっては特異な地すべりということができます。四国での御荷鉾帯の分布を見ますと、分布面積からいえば、四国の2％を占めるにすぎないのですが、地すべり数では14％を占め、単位面積当たりにすると1 km² 当たり0.6個となっています。これは三波川帯の3倍です。

　御荷鉾帯の地すべりの特徴は、動き方がズルズルと滑るタイプであることで、これに対し三波川帯は崩壊型です。地形的にも異

表12 三波川帯と御荷鉾帯地すべりの比較

	A	B	C	D	Ch	St	It	Kt	At
三波川帯	25〜30	畑	崩壊型	なし	○	×	○	○	×
御荷鉾帯	15〜20	水田	粘稠型	あり	○	○	×	○	○

A：斜面傾斜(°)　B：土地利用　　○：ある
C：移動形態　　D：地すべり地形　×：ない

なり、御荷鉾帯は15〜20度の緩い傾斜であるのに対し、三波川帯では25〜30度の傾斜です。御荷鉾帯と三波川帯の地すべりを比較すると**表12**のようになります。

　四国のほぼ真ん中の、高知県と徳島県の県境に、吉野川の支流である南大王川を挟んで怒田、八畝という有名な地すべり地があります。これは御荷鉾地すべりの典型的なもので、地すべり地全体が見事な水田になっています。棚田百選に推薦したい風景です。

　この斜面の傾斜は10〜15度で、傾斜角度からいうと第三紀層地すべりに似ていますが、北側に分布する三波川の地すべりに比較すると非常に緩い傾斜です。その原因は、この地すべりに含まれている粘土鉱物にあります。

　御荷鉾帯地すべりでは表層の土壌が非常に薄く、動きの速い所では、土壌層は20〜30 cm程度しかありません（**写真13**）。

　御荷鉾帯地すべり地に行きますと、表層土壌のすぐ下に灰色がかった白っぽい緑色の粘土層があり、見るからにズルズル滑りそうな粘土です。この粘土をよく観察すると、白っぽい粘土とオリーブ色をした粘土があります。白っぽい方の粘土鉱物はクロライト、オリーブ色の方はスメクタイトでできています。御荷鉾帯のスメクタイトは、スメクタイトの粘土塊が地すべりによって砕かれ、地すべり地全体に広がったものです。

　土壌層の下層にある土層のpHは9〜10のアルカリ性です。

写真 13 御荷鉾帯地すべり地の土壌断面、表層土が薄い（京柱峠：徳島県）

このため木の根は入っていません。こんなに浅いにもかかわらず、樹木はちゃんと繁っています。

粘土鉱物に関連して、御荷鉾帯と三波川帯の地すべりの大きな違いは二つあり、御荷鉾帯にはスメクタイトがふんだんにありますが、三波川帯にはありません。もう一つは、御荷鉾帯の地すべりには粘土粒径となったアクチノライト（陽起石）が含まれていますが、三波川帯にはありません。このため2 μm 以下の粘土粒子を分離しX線回析をしたとき、アクチノライトがあれば御荷鉾帯で、なければ三波川帯の地すべりです。このような分類の仕方もあります（図 36）。

御荷鉾帯の御荷鉾は、群馬県の南部にある御荷鉾山（1,286m）に由来します。地元では「みかぼ」と呼ばれていますが、地質帯の名称としては「みかぶ」です。頂上付近には斜面に「大」の字が書かれ、ドライブと軽登山に良い所です。

スメクタイト含有粘土（八畝）

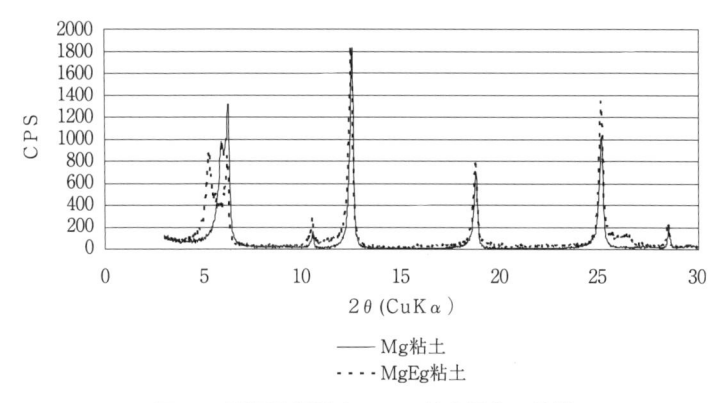

——— Mg粘土
・・・・ MgEg粘土

図36 御荷鉾帯地すべりの粘土鉱物の特徴
14Åピークがクロライトとスメクタイトに分かれる

蛇紋岩

　蛇紋岩は、カンラン岩中のカンラン石や輝石が熱水条件の下で交代作用を受け、蛇紋岩に変化した岩石です。日本での蛇紋岩の分布は、神居古潭変成帯（北海道）、早地峰構造帯（北上山地）、飛驒外縁帯、三波川変成帯、黒瀬川構造帯など大規模な構造線に沿って帯状に分布しているため、全体的に圧砕作用を受け亀裂が発達し、葉片状で剥離性を有し粘土化も進んでいます。簡単にいうと、砕かれて、ペラペラになっていて、水を含むとネバネバになるということです。

　蛇紋岩はトンネルや切土工事で粘土の押し出しなどがあり、しばしば問題になってきたので、工学的には産状と形態から粘土状、葉片状、角礫状、塊状の4種類に分類されています。

　蛇紋岩の風化過程は特異で、一見塊状であっても容易に葉片状となることがあり、また見かけは葉片状であってもたやすく粘土状になるので、斜面は10～20度程度の緩い斜面となります。ま

蛇紋岩(北大中川演習林)

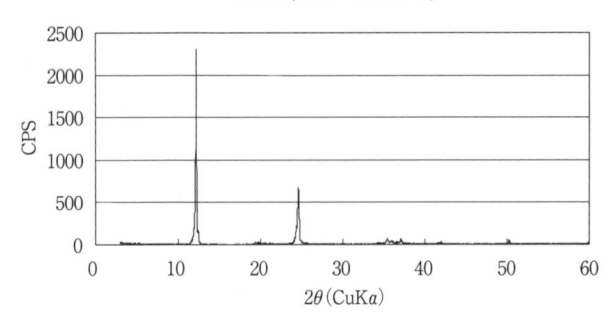

図37 蛇紋岩のX線回析図（歌内水道の沢：北海道大学中川演習林）

た蛇紋岩地すべり地には明瞭な滑落崖がなく、典型的な地すべり地形は見られません。しかし、地すべり地内の地表面は凹凸が激しく、動いていることは容易にわかります。このように地表の凹凸が激しいのは、連続するすべり面が乏しいことを意味しています。

図37は、歌内水道の沢（北海道大学中川演習林内）に分布する蛇紋岩で、7.26と3.61Åアンチゴライトに特有のピークがあります。

蛇紋岩地すべりとしてよく知られているのは高知県の長者地すべりです。この地すべり地は対策工事が長期間行われているので報告例も多く、地質構造も比較的よくわかっています。しかし地質図から見る限り、蛇紋岩の分布域は限定されていて、地質の分布面積では堆積岩（泥岩、頁岩）の方が多いようです。長者地すべりの特徴としては、四国の地すべりには珍しくゆっくり動く地すべりといえます。地すべり土塊の粘土鉱物には、蛇紋岩を構成するアンチゴライトやクリソタイルとともに、スメクタイトが含まれています。

変質安山岩

　安山岩が熱水変質したものはプロピライト（変朽安山岩）と呼ばれますが、プロピライトは「黄鉄鉱の鉱染や晶洞中への方解石の形成、輝石、角閃石の緑泥石化が認められる」と定義されています（地学事典）。地すべり地では、粘土化が進み粘土中に含有される礫から、源岩が安山岩であったと判定されるような土塊があります。このため地質学で定義されたプロピライトとは異なる風化過程をたどっていると考え、変質安山岩という名称を使いました。

　安山岩は、火成岩の分類からは火山岩に属し、マグマが地表面や地表近くで冷え固まった岩石です。岩石としての特徴は、花崗岩に比べると、斜長石、角閃石、輝石のような有色鉱物が多く、石英やカリ長石のような無色鉱物に乏しいことです。産状は、柱状節理として岩壁になっている所がよく見られます。

　一方、安山岩はしばしば岩脈となって既存の岩石中に貫入し、周辺の岩石との摩擦によって角礫化して、さらに粘土化します。粘土化した後、岩脈は水の通り道となり風化を受け、粘土鉱物ができます。ここでできる粘土は、地表の酸化の影響を受けないためにスメクタイトやイライトとなり、これらの粘土鉱物はしばしば地すべりの原因となっています。

　福岡県の南部にある星野村地域は棚田で有名な所です。基盤の地質は安山岩ですが、このあたりの山地表層部分には、1：1型粘土鉱物のカオリナイトやハロイサイトが分布し、まれにバーミキュライトもあります。これは表層の酸化的条件下での風化では、ハロイサイトやカオリナイトができるためです。また、地表付近の節理中に狭在する粘土もハロイサイトです。ところが深さを増し4、5mより深くなるとスメクタイトに変わり、このスメク

スメクタイト（変質安山岩）

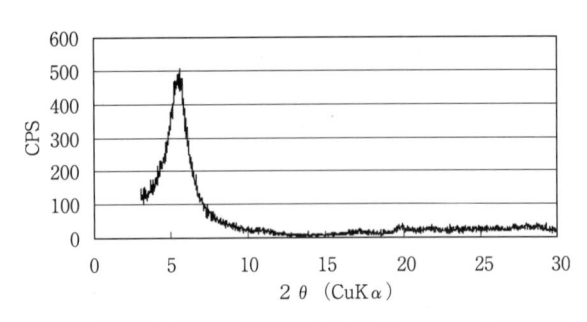

図38 変質安山岩起源のスメクタイト（星野村：福岡県）

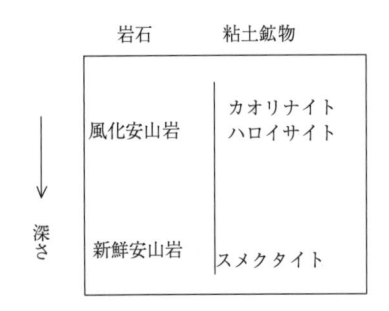

図39 安山岩の風化による粘土鉱物の生成、深さによって変化

タイトが一帯の地すべりの原因になっています（図38、図39）。

変質安山岩が大規模な地すべりの原因となった例は、1972(昭和47)年に中央高速道路大月インターチェンジ近くで発生した地すべりです。この地すべりは、安山岩の貫入によりできた破砕帯に生じたスメクタイトが原因と言われています。安山岩は未風化の場合、堅硬で地すべりとの関連性は乏しいのですが、貫入安山岩の周辺部にはしばしば破砕部があり、そこにはスメクタイトを主成分とする粘土ができていることがあります。したがって、あ

る程度の規模がある貫入安山岩分布地域では、分布範囲を明確にした上で破砕部の有無、粘土化の有無に注意する必要があります。

粘土をつくる温泉

　火山の周辺には温泉の湧出や噴気が見られます。このような現象は火山活動の後期に見られるので、後期火山作用と言われます。温泉や噴気の元になるものは、マグマから分離した熱水です。熱水中には高い濃度で溶存成分が溶け、これが岩石の節理や鉱物の粒子間を移動しながら岩石と反応し粘土鉱物となります。このような熱水による岩石の変質・分解を熱水変質といいます。

　マグマから熱水が上昇すると、温度の低下や、熱水の沸騰、炭酸ガスの分離、地表水との混合が起こり、この過程で岩石が変質します。地表近くでは、浸透してきた水が上昇してきた硫化水素ガス、亜硫酸ガスと反応して、硫酸を含む強酸性の水となります。これが岩石を構成する元素を溶かし、やがて岩石はアルミニウムとケイ素から構成されるカオリナイトとなり、さらに反応が進む

プロピライト(林田温泉)

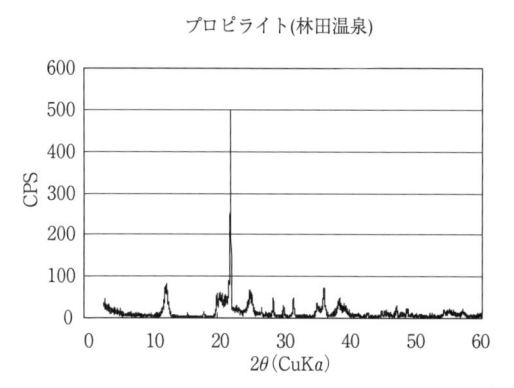

図 40　プロピライト：温泉地すべりの粘土（林田温泉：鹿児島）

写真 14 代表的な温泉地すべり（箱根：大湧谷）

とアルミニウムも溶出しオパールとなります。熱源に近い高温部では斜長石の曹長石化、輝石、角閃石の緑泥石化が起こりプロピライトに変化し、熱源から遠くなるとスメクタイトや沸石が生じます（**図40**）。このように熱源からの距離によって異なる鉱物が帯状に生じることを分帯と呼び、前者はプロピライト帯、後者はスメクタイト、沸石帯と呼ばれます。

　一般の地すべりではすべり面が問題となりますが、温泉周辺の地すべり地では、すべり面はなくて、多量の粘土が大きな塊となって滑るという特徴があります。熱水変質によってできた粘土を温泉余土といい、箱根の大湧谷は温泉余土による大規模な地すべりのために、現在も砂防工事が続けられています（**写真14**）。

10章　岩石の不連続面

　岩石には断層や節理などの特有の割れ目があります。割れ目があると岩石はここで切断されているので、岩体としての強度がなくなり、同時に水の通路となります。水が浸透し始めるとそこは風化面となり粘土ができます。

1．断　層

　断層は、地層が圧力を受けて傷つき、ずれた現象のことです。これには造山運動により長時間（地質学的な時間）かけてできたものと、地震によって短時間にできるものがあります。このためズレ幅が数cm以下という小さいものから、西日本を貫く中央構造線のように、長さが数百kmに及ぶ大規模なものまであります。断層は動く方向によって正断層、逆断層、衝上断層、横ずれ断層などに分類されています。

　山地災害に関係する断層は、小規模でも地層や岩体が損傷を受け、相対的にズレたものなので、岩体は不連続となり強度はゼロとなっています。人でいえば骨にヒビが入ってズレているのと同じことです。このため断層は、小規模であっても岩体の連続性が切断されているので岩石の強度は低下し、同時に水の通り道になっています。水が通り始めると、岩石は水との反応によって風化

が進行します。

　風化によってできるのは粘土で、断層面に粘土が溜まると岩盤は強度を失い、さらに粘土が厚くなると、豪雨時の地下水の流れを逆に遮断することになり、このため粘土層は山体中に水をためる水瓶になります。したがって、地質構造に関与しないと思われるような小規模な断層でも、調査をすることが大切です。

2．断層角礫

　断層は地層や岩体がズレ動いた現象なので、ガタッと動いただけの場合は、岩石が壊れるだけで、できるのは角礫です。しかし動きが繰り返されると断層中の岩石は角礫から砂、シルト、粘土と細粒化します。粒径が小さくなると礫の形も変化し、角礫から角が取れ亜角礫、さらに円礫へと変化します。礫の形状と粒径とには相関があり、礫が小さくなるほど円礫が多くなります。

　2005(平成17)年の台風14号のときに、宮崎市の近くの天神山

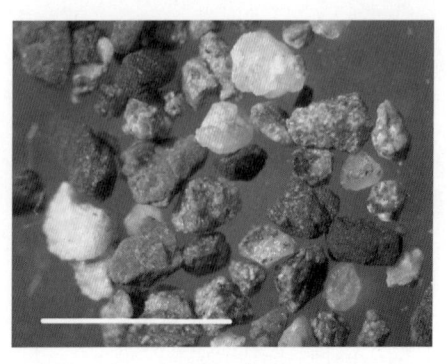

写真15　断層中の礫、礫径0.125 mmのものは亜円礫である(白線は1 mm)

で、崩土量 400 万 m³ という大規模な崩壊が発生しました。ここでは崩壊地のほぼ中央部付近に、崩壊地に直交する断層と平行な断層が見つかりましたが、この断層中に混入していた礫は、0.5 mm では角礫でしたが、0.125 mm では亜円礫が多くなり、礫形が小さくなるほど円礫化が進んでいることがわかります（**写真 15**）。

3．断層粘土

　断層面の形状は鋭利なナイフで切ったようなフラットな面から、粘土や礫を挟んでいる場合があり、粘土は断層粘土と呼ばれます。断層中の粘土は、断層の動きという機械的な圧砕と、断層中を通る水による風化によって生じ、大別して次の三種類の粘土鉱物が見られます（**図 41**）。
　① 断層を挟む上盤と下盤の岩石が細粒化して粘土粒子となったもので、小規模な断層の場合はこの例が多い。
　② 上盤、下盤の岩石とは異なる新しく生成した粘土鉱物で、この場合、初期にはイライト、さらに風化が進むとスメクタイトができます。粘土層ができている場合はこの例が多い。
　③ 断層に地下から熱水が供給された熱水性粘土鉱物。
　前述した 2005（平成 17）年の台風 14 号によって宮崎市近くの天神山で発生した大規模な崩壊地の断層の粘土鉱物は、イライトと結晶の良くないスメクタイトでした。断層を構成する岩石は四万十層の頁岩なので、頁岩が地下深くで風化した場合、生成する粘土鉱物はイライトとスメクタイトということがわかります。
　大規模断層の例を見ますと、西条市（愛媛県）の中央構造線の

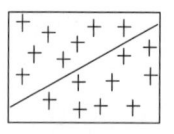

① 断層面のみ

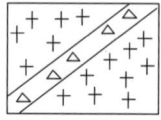

② 角礫を挟む
   角礫

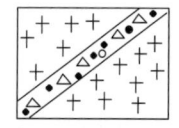

③ 角礫と亜円礫を挟む
   角礫と亜円礫

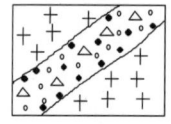

④ 角礫礫と亜円礫と粘土を挟む
   角礫＞亜円礫＞粘土

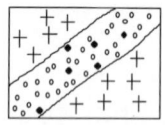

⑤ 粘土と少量の亜円礫、角礫を挟む
   粘土＞亜円礫＞角礫

図41 断層角礫は動くことによって亜円礫から円礫へと変化する

露頭では、三波川変成岩の泥質片岩と和泉層群の砂岩、頁岩が接しています。この露頭には、幅10 mを超える礫混りで半固結の

黒色粘土がありますが、この粘土には粘土鉱物としてはイライトが含有され、一次鉱物として細粒化した石英、長石が含有されています（図42）。

淡路島の野島断層は、島の北側に分布する花崗岩を切っていますが、この地域の断層に含有する粘土鉱物を調べてみますとスメクタイトが含まれています。しかし花崗岩の岩片は含まれていません。このため、この断層粘土は熱水変質によものと考えられます。断層中に含有される粘土鉱物は、**表13**のようになります。

断層粘土と断層角礫はひっくるめて断層ガウジ（ゴージ）と呼ばれていますが、含有される粘土も礫も断層の形成に深く関係しているので、これからは、詳細に検討すればいろいろな情報を伝えてくれると思います。

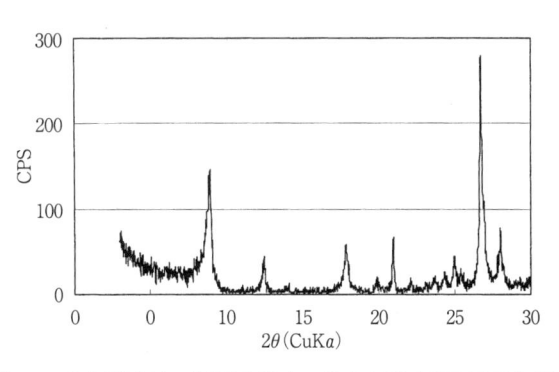

図42 中央構造線の断層角礫中の粘土鉱物(愛媛県西条市)

表13 断層中の粘土鉱物

場所	粘土鉱物	備考
天神山(宮崎県：三股町)	イライト＞スメクタイト	崩壊地中の断層
中央構造線(愛媛県：西条市)	イライト、石英、長石	テクトニック断層
野島断層(淡路島：轟)	スメクタイト	地震断層

4. 流れ盤、受け盤

　流れ盤、受け盤は地層の傾斜と地表面の傾斜との関係です。斜面に向かって地層が手前に傾いている場合を流れ盤、地層の傾斜が地表面とは逆の場合を受け盤といいます（**図43**）。斜面の安定という点からいいますと、流れ盤は崩れやすく、受け盤は崩れにくい傾向があります。流れ盤、受け盤構造は、堆積岩によく見られる構造ですが、花崗岩、安山岩、石灰岩などの節理が傾いている場合にもできることがあります。

　流れ盤は地層が板を積み重ねたようになっているので、下部に支えがない場合、斜面の安定性は地層自体の摩擦と周辺からの支持力によるしかありません。このため地層の傾斜方向成分が摩擦力を超えると、地層は斜面に沿って滑ります。摩擦力の減少は、地層中に滲み込んだ水や風化によってできる粘土によって生じます。

　受け盤は、図に書くと崩れにくいように見えますが、岩層中には節理という岩石特有の割れ目があり、これは層理に直交し、節理が連続することにより崩壊面となります。2005(平成17)年に宮崎県で四万十層群に発生した大規模崩壊地では、6カ所のうち

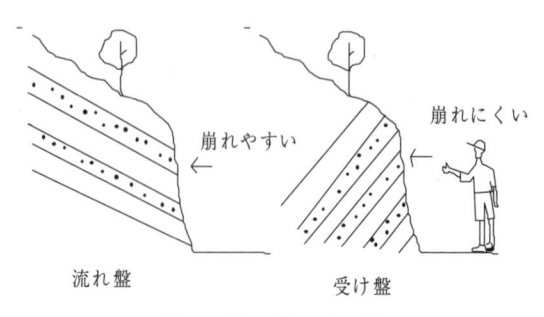

図43　流れ盤と受け盤

4 カ所が受け盤であったことが報告されています。

5．地層の境界

　地層の境界は異質な岩石が接しているので断層になりやすく、また水の通路になりやすいため風化が進み、粘土化が進んで地すべりの原因となります。特に泥岩や頁岩は風化によって元の粘土に還り、滑りの原因となります。

　1976(昭和51)年に兵庫県一宮町で起こった福知地すべりは長さ600 m、幅500 m、崩壊土量60万 m³ という大規模なもので、崩土は斜面の下部にある鉄筋コンクリート建ての小学校が折れ曲がるという被害を出し、正面を流れる揖保川のダムアップを引き起こしました。この地域の地質は花崗岩が約半分を占め、溶結凝灰岩、粘板岩、閃緑岩が分布し、真ん中に地層の境界があります。地すべりはこの境界を中心に動きました（**図44**）。

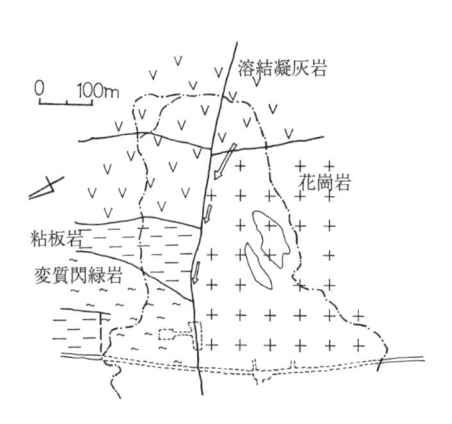

図44　福知地すべり（一宮町：兵庫県）

6. 節 理

　岩石はその組成に基づく特有の割れ目をもっていますが、規則性があって割れ目の両側が相対的にずれていないものを節理といいます。節理は岩石の割れ目なので、岩体の不連続面となり岩盤自体の強度が低下します。また、節理は水の通り道となり風化面となります。さらに風化が進行して節理に粘土が充塡すると、岩石間の摩擦抵抗が減少し滑りの原因ともなり、寒冷地では、節理内に入った水が凍結して岩盤が破壊されることがあります。

　節理の成因は、花崗岩や安山岩のような火成岩の場合は、岩石が冷却固結するときに生じた鉱物の配列に原因があると言われていますが、堆積岩や変成岩の場合には、造山運動によって地層が大きな圧力を受けてできたヒズミが節理となります。

　節理はその形によって、柱状節理（**写真16**）、方状節理、板状節理、放射状節理などに分類されています。方状節理は花崗岩な

写真16　柱状節理（十和田湖：秋田県）

どの深成岩に見られ四角形で、板状節理は板を積み重ねたような形で板状にはがれやすい性質があります。放射状節理は一点から放射状に配列したものです。

　安山岩の柱状節理は観光地となっている所が多く、高さが十数mから数十mのものがあります。有名なものでは、高千穂峡（宮崎県）、層雲峡（旭川市：北海道）や馬ヶ背（宮崎県）があります。

　節理の断面形は、玄武岩や安山岩のような火成岩の場合は四角または六角、まれに五角の柱状で大きさもほぼ一定ですが、砂岩の場合は層厚によって大きさは異なり、砂岩の層厚が厚いと大きな多角形となり、薄い場合は小さくなります。また節理の形は通常は層理に対して直角なのですが、断層があると傾斜しその断面も変形します（**図45**）。

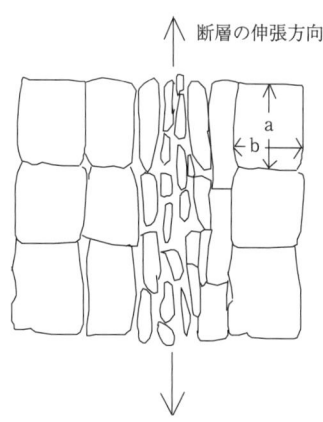

断層による節理の変形
断層の伸張方向に延長する

図45 断層による砂岩節理の変形、断層中では砂岩が長柱状である

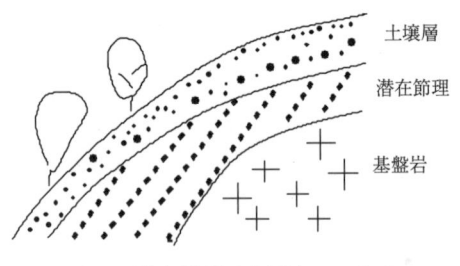

図46 潜在節理は土層中にできる

潜在節理

　節理は普通は岩石にできるものですが、土層中や風化岩の中にも、節理面に似た規則的な割れ目が形成されています。このような割れ目は地表に近い土層中や風化岩中にできるので、岩石中にできる節理と区別して潜在節理と呼びます。

　潜在節理の傾斜角は地表面の傾斜角と似た傾斜なので、地下水の通路になりやすく風化を進行させる面にもなります。崩壊地の頭部には急斜面がありますが、この面は潜在節理面に一致する場合が多く、このような潜在節理は、林道などの斜面の切土部でしばしば観察することができます（図46）。

7．褶曲（しゅうきょく）

　関東地方から紀伊半島、四国、九州を経て沖縄に続く四万十累層や三波川の変成岩帯のような中生代以前の地層は、古いため造山運動などの地層を変形する作用を長年月にわたって受けているので、地層がアーチのように曲がっていることがあります。このような折れ曲がりを褶曲といいます。褶曲はドームのような場合

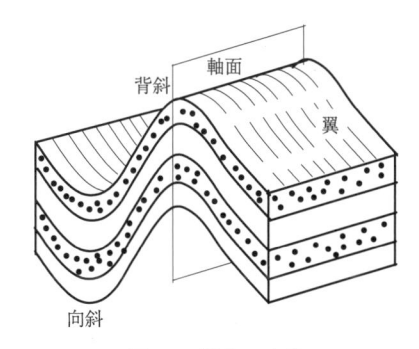

図47 褶曲の名称

を背斜、船底型の場合を向斜と呼びます。褶曲の両側は翼と呼ばれ、翼の間を二等分する面を軸面といいます（**図47**）。

軸面が直立する場合は対称ですが、これが傾くと過褶曲、または横臥褶曲となり、軸面が断層になることがあります。褶曲の翼が切土面に現れると、場所によって流れ盤になったり受け盤になることがあるので、道路路線の選定には地域全体の褶曲構造を調べておくことが大切です。

8. 層 理

　層理は堆積岩の層で、同じ物質（砂、粘土）が堆積した最小単位と定義されています。こう書くと難しいのですが、砂岩、頁岩の堆積構造がつくる地層一枚一枚のことです。地層は同じ堆積環境で堆積するので、ほぼ同じ粒径でできています。

　一枚の地層は、長時間の大きな地圧により、地層を構成する粒子間隙から高濃度のケイ素やカルシウムが溶け出し、これらが接着剤となり固化します。しかし地表近くでは層理ははがれやすく、

このため水の通路となり同時に風化面となります。層理は長時間（数万年～数千万年）かけた地圧によって張り付いていますが、特別な接着剤があるわけではないので、傾斜した地層の下部を切土しますと、滑り出すことがあります。

9．片理と線構造

片理は、石の表面が紙をはがすように薄い面となってはがれる性質で、結晶片岩や千枚岩に見られます。原因は、岩石をつくっている鉱物が一定方向に並ぶためで、千枚岩では雲母などの板状、りん片状鉱物が、結晶片岩では緑泥石などの柱状、針状鉱物が並んでいます。

柱状、針状鉱物が並ぶ結晶片岩は線状構造（リニエーション）と呼ばれ、鉱物の配列方向をb軸、これに直交する方向をa軸、a、b軸に垂直な方向をc軸と決められています（**図48**）。c軸方向にはがれやすく、風化はb軸方向に進むので、b軸の方向と斜面の方向が一致すると崩壊や地すべりが起こりやすくなります。

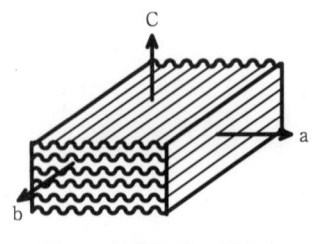

図48 結晶片岩の軸方向

10. 裂 か

節理や片理が規則的な割れ目であるのに対し、裂かは不規則な割れ目で開いているものをいいます。裂かは岩盤の強度を低下させ、割れ目に水が入ると摩擦力が低下し岩盤全体の強度が落ちます。裂かの形態は岩石が受けたヒズミ、風化程度、結晶の配列に影響を受け、粘板岩では片状、安山岩やチャートでは鋭い岩片となるので、現場で岩石種を判定する場合、裂かの形も岩石種を判定する目安になります。

11. 鏡肌（かがみはだ）

岩石の表面が鏡のようにツルツルになる現象で、岩盤内で動きがあったことを示しています。断層の動きによってできることが多く、鏡肌の表面に付いた条痕（線状の傷）から断層の動きの方

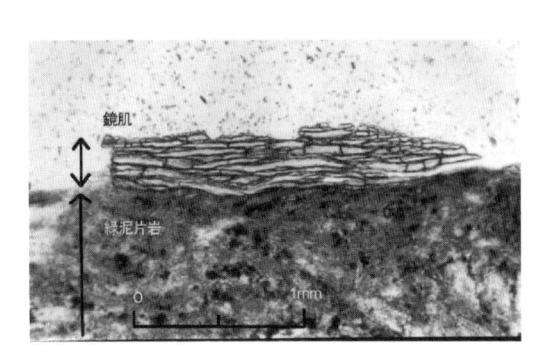

写真 17 鏡肌の断面（幅 0.7 mm 程度の短冊状の結晶が積み重なっている。緑泥片岩）

向を知ることができます。地すべり地においても同じような鏡肌が観察でき、断層と同様、地すべりの動いた方向の推定に使われます。**写真** 17 は、緑泥片岩の表面にできた鏡肌の断面を観察するためにつくった岩石薄片の顕微鏡写真です。

　これによると、鏡肌面は緑泥石でできた厚さ約 0.7 mm の短冊状の結晶が積み重なり、面に対し平行に並んでいることがわかります。

11章　地すべりを起こしやすい地形

1．ケスタ地形

　地表の傾斜と地層の傾斜が似ているため、一方に長い斜面をもち、反対側に急な崖をもつ地形をケスタ地形といい、長い斜面はケスタの背斜面と呼ばれ地すべりが生じやすく、急な崖は階崖と呼ばれ崩壊が多く発生します（**図49**）。

　北海道の南部日本海側に分布する八雲（やくも）層群は、地すべりの発生頻度が高く、相沼地方には長さ約2.5 km、幅約2 kmもある大規模な地すべり地形があります。八雲層は泥岩でできていて、地層は南東側に傾斜するケスタ地形で、地すべりの大部分はケスタの流れ盤上に分布しています（**図50**）。

　八雲層で発生した地すべりには、昭和37年に走っているバスを巻き込むという事故となった乙部地すべりがありますが、この地すべりはその後の調査により、このとき初めて起こったもので

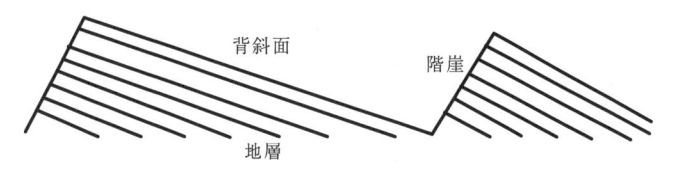

図49　ケスタ地形（長い背斜面と地層の傾きがほぼ同じである特徴をもつ）

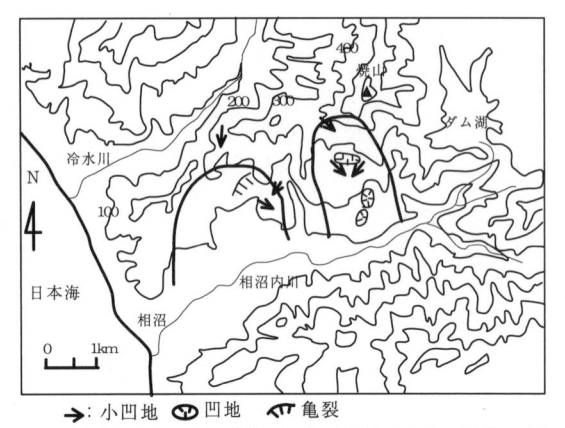

→：小凹地　◐：凹地　⋀⋀：亀裂
相沼内地すべり（北海道南部5万分の1、相沼図幅）

図50 ケスタ地形の背斜面に分布する地すべり（相沼内：北海道）

はなく、過去に起こった地すべりによってできた地すべり地形があり、ここを通る国道229号線は、地すべり地の滑落崖の下につくられていたことがわかりました。現在の国道は地すべりの被害を避けるためにトンネルとなっています。この地すべりの原因は二つ考えられ、八雲層の泥岩自体が粘土化したことと、八雲層中に玄武岩の貫入があり、この接触部にできたスメクタイトがすべり面になったことが考えられました。

2. キャップロック

　長崎県の北部と佐賀県の県境一帯に、北松型地すべりと呼ばれる地すべりが分布しています。この地すべりの特徴は、基盤に佐世保層群と呼ばれる薄い炭層を挟む新第三紀層の砂岩、泥岩層が

11章　地すべりを起こしやすい地形　119

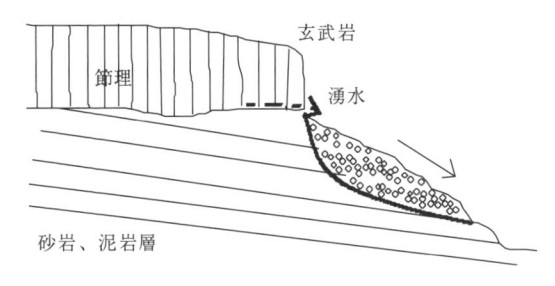

図51　キャップロック型地すべり

分布し、最上部は第四紀に噴出した玄武岩に覆われていることです。溶岩は数十枚あり、全体的に見ると第三紀層に玄武岩でフタをしたような形であることから、キャップロック型地すべりと呼ばれています（**図51**）。

北松地域は、全体的に平坦な台地状の地形をしていますが、この玄武岩は節理が多いため地下水を溜めやすく、これが下位の泥

写真18　石倉山（長崎県）地すべりの滑落崖

岩層に浸透し地すべりの原因となっています。

　北松型地すべりの地形的な特徴は、頭部滑落崖の比高が大きく滑落崖の下に深い陥没帯が生じることと、滑落崖が円弧状ではなく直線状になることです（**写真18**）。北松型地すべりの原因は、キャップロック構造と泥岩層の複合したタイプであるという点と、もう一つは、この地域の炭層は第二次大戦中に燃料として掘られていたため、坑道の陥没も関係していると言われています。

12章　地すべりと農林業

1．地すべりと田と畑

　昔からの地すべり地は山間部にあり、もともと交通の便も良くなく、このため多くの地すべり地では、長く自給自足の生活を維持してきました。このような生活を維持できた最も大きな原因は、主食である米の生産が可能であったことです。米を生産するには水田が必要ですが、地すべり地には十分な水がありました。

　ここで少し米作りの歴史を考えてみましょう。現在の水田は平野にありますが、平野にある水田が安定した収穫を上げられるようになったのは比較的最近で、大正から昭和の初め頃と言われています。昔の平野はしばしば洪水に見舞われ、多くの水田は排水の良くない泥田だったので、田植えのときには胸まで水に浸かるという過酷な労働を強いられました。これに対し山間地にある水田は洪水の心配はなく、また生産を上げるために重要な肥料は周辺の林地から落葉落枝が得られ、これは良い堆肥となりました。このため土地は狭かったのですが、安定した生産を上げることができたのです。

　さらに実際の農作業についても、現在の農機具はすべて鉄でつくられていますが、昔のスキやクワは木でつくられていました。このため硬い土を耕すことは難しかったのですが、粘土分の多い

地すべり地では、木でできた農具でも容易に耕すことができたのです。

水田の管理で最も大切なものは水ですが、地すべり地には水が豊富です。さらに水田は酸化還元の繰り返しが行われるので、土の劣化（老化）が急速に進行します。これを防止するには天地返しといって、深く掘り下げることが必要ですが、地すべりは数年から数十年に1回、これを自然の力でやってくれるわけです。地すべりがあると水田は壊されますが、壊されるデメリットと土地が深く耕されるメリットを比較すると後者の方が大きかったのです。

このように、地すべり地は稲作にとっては非常に良い土地であったということができます。これを収穫量で比較しますと、今から約40年前の調査ですが、地すべり地の方が良かったことがわかります（**表14**、**表15**）。

今まで述べたことは地すべり地の収穫量が多かったということですが、三波川帯と御荷鉾帯との地すべりを比較すると、さらに興味深いことがあります。この二つの地質帯にある地すべり地が

表14 地すべり地の生産量

地すべり地名	地すべり地内	地すべり地外	増収比%
新潟県能生町袋	3.0石	2.8石	107.1
栃尾市入塩川	3.2	2.8	114.3
糸魚川市要害	3.5	3.0	116.6
松之山町黒倉	3.0	2.5	120.0
新潟県能生町藤崎	3.3	2.5	132.0
新潟県能生町大洞	3.2	2.0	145.4
新潟県能生町飛山	3.3	2.0	165.0

石（こく）：1石は約180リットル。（地名は当時のもの）
（文献：福本安正：治山、Vol.15、No.2、1960）

12章 地すべりと農林業　*123*

表15 ダイズ、アズキなどの反収（長野県信黒村浅野）

種　類	地すべり地内	地すべり地外	増収比（％）
ダイズ	1.5	0.5	300
アズキ	2.0	1.5	133.3
大麦	3.5	3.0	116.6
タバコ	212.0	127.0	166.9

単位：kg　　（文献：福本安正：治山、Vol.5、No.2、1960）

どのような土地利用をされてきたかを見ますと、三波川帯の地すべり地では90％以上が畑地で、御荷鉾帯では80％以上が水田になっています（**図52**）。

さらにこれらの地すべり地を構成する主な粘土鉱物を調べますと、三波川帯ではカオリナイト、御荷鉾帯ではスメクタイトです。

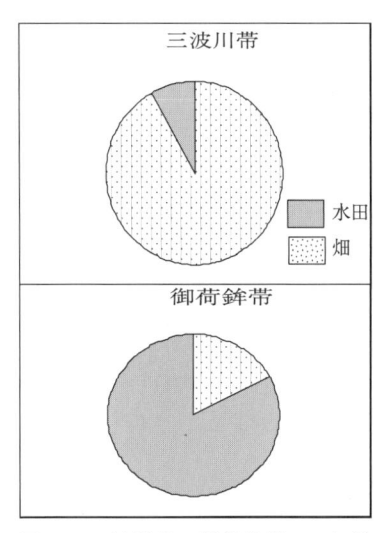

図52 三波川帯と御荷鉾帯の田畑比
三波川帯では畑が90％を占める。御荷鉾帯では80％が水田

スメクタイトは水の保水量を示す塑性指数（Ip）が大きく、カオリナイトの 30 倍もあるので、このことが土地利用の違いに影響しているといえるでしょう。

　三波川帯と御荷鉾帯では際立った相違があるので、四万十帯でも調査をしてみたところ、九州の四万十帯地すべり地では、みかん園として利用されていることがわかりました。その理由は、山の傾斜が緩いので、苗木の植え付けなどの条件が良いことと、集荷用の園内道路や作業用施設の設置がしやすいためです。

2．地すべりに対する木の反応

　植物は周囲の影響を受けながら生長します。動物と違う点は、たとえ環境がどんなに悪くなってもそこから逃げ出すことはできないということです。植物にできることは、可能な限り環境に適応しようと変化することだけで、適応できる限度を超えますと枯れてしまいます。

　木は根によって支えられ、根はしっかりと大地を摑みながら、そこから養分を取り入れています。根は木にとって歩かない足であると同時に口なのです。だから地すべりが起こり根が切れますと、地面をしっかりと支える力が弱くなり、同時に養分を十分取れなくなります。食べるものが少なくなると生長が遅れるのは、人も植物も同じです。この結果、地すべり地に生育する木は傘のような特徴のある樹形を示すことがあります。

　地すべりが比較的浅く表層部が少しズレだけの場合、幹は谷側に向かって傾き、すべり面が深い場合は山側に傾きます。木の傾いた方向は、土地の動いた方向とすべり面の深さを推定する指標

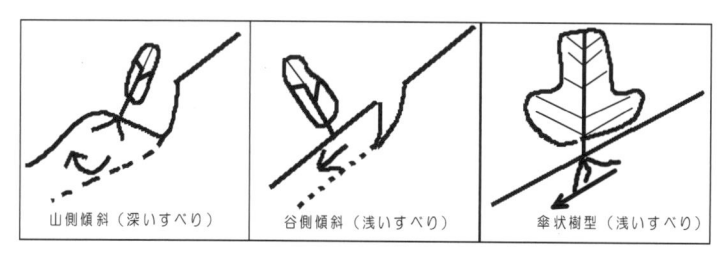

| 山側傾斜（深いすべり） | 谷側傾斜（浅いすべり） | 傘状樹型（浅いすべり） |

図53　地すべりのタイプと木の傾斜

| 幹曲がり | 根曲がり | 上伸枝 |

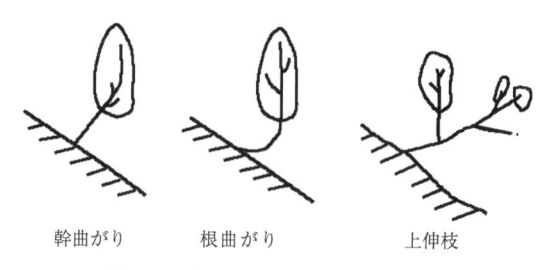

図54　地すべりに対する木の反応

になります（**図53**）。

　地すべりによって木が倒れると、起きあがろうとして、幹が曲がりますが、幹が曲がった場合を幹曲がり、根本が曲がった場合を根曲がりといいます（**図54**）。

　注意しないといけないことは、根曲がりは積雪のある地方では積もった雪が下に向かって移動するときの雪圧によって生じることもあるので、積雪のある地方では根曲りイコール地すべりとはいえません。

　梅や、柿、桜などの広葉樹では、傾いた幹から枝が垂直に出ます。これを上伸枝（じょうしんし）と呼び、上伸枝の年輪を調べますと木が何年前に傾いたかがわかります（**写真19**）。なお、上伸枝は翌年芽吹くので、年輪プラス１が傾いた年になります。

　地すべりが起こりますと、現地には伸縮計などを設置して今後

写真 19 傾いた幹から垂直な枝が
出る上伸枝（サクラ）

の動きを見ますが、同時に周辺の樹木の形状と年輪を調べることにより、その地すべりが過去においてどのような動きをしていたかを知ることができるのです。

3．地すべりは木にとってプラス、マイナス？

　日本の各地には伝統的な林業地がたくさんあり、奈良県の吉野林業や徳島県の木頭林業のように、林業地と地すべり地の分布がオーバーラップする例があることから、地すべりはスギの生長に良いと考えられたことがありました。ところが長年同じ木を植え続けると、生長が落ちてくる現象が知られてきました。

畑では毎年同じ作物を植え続けると収穫が落ちる、いわゆるイヤ地現象があります。これは植物が生長するとき、土中から養分としていろいろな元素を吸収しますが、そのうち同じ植物は同じ元素を吸収するため、同じ植物を植え続けるとその植物が生長するのに必要な元素が少なくなってしまい生長が落ちるという現象です。400年の歴史がある林業地の場合、伐期（木を植えてから切るまでの年数）を80年としますと、これまでに5回同じ木を植えていたことになりイヤ地現象が起こったことが推定できます。

　ところが、地すべりが起こりますと土地は深く掘り返されるので、これは農地での深耕作用と同じ効果となり、イヤ地現象が解消されます。この意味からは、地すべりは林業にとってプラスになるということができます。

　また地すべりの動き方から考えますと、地すべり地といっても一律に動くわけではなく、一度動くと数年間から数十年間、場所によれば数百年動かないこともあります。九州や四国の林業地のような伐期の短い地方では、地すべりが停止している期間内に生長し伐採することができるので、地すべり地であっても地すべりの影響を受けません。この場合、地すべりは木の生長に良い影響を与えているといえます。ただし、木が生長中に地すべりが起こりますと、根が切られたり、木が傾いたり、時には木の真下で亀裂ができて引き裂かれることもあり、地すべりは木に対して良い効果はありません。結論からいいますと、地すべり地は木にとって良い土地です。しかし、地すべり現象は木にとっては良くありません。

4. 木が生えていると山くずれは起こらないか？

　木の根は土壌の中に食い込んでいるので杭の作用があり、同時に周辺の土をしっかりと摑む緊縛（きんぱく）作用もあります。しかし杭作用も緊縛作用も影響範囲は根が入っている深さまでで、それより深い所で起こる山くずれには効果はありません。このことは、山くずれや地すべりの現場に行きますと、木が立ったまま滑った光景がよく見られることでもわかります。

　また、まれにですが、地すべり発生の瞬間をとらえた映像の中で、斜面の土塊が木を乗せたまま動いていく様子を見ることもできます。したがって、根の杭作用も緊縛作用も限界の深さがあることを知っておく必要があります（**図 55**）

　それでは、根はどの程度地中に入っているのでしょうか。これを観察してみますと、山地斜面では根は縦方向よりも横に広がり、深さ方向にはあまり伸びていません。その深さは 1〜2 m 程度で意外と浅いのです。

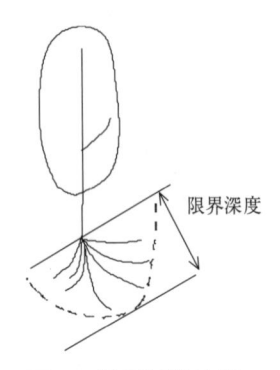

図 55　限界深度は根の深さ

次に、木が生えていると山くずれは起こらないか？　という問題です。木は表層土壌の浸食を防止し、降った雨を山地に蓄えるためにはなくてはならないのですが、山くずれや地すべりに対しては「木が生えているから安全」ということはできません。限度を超えた雨が降れば、木が生えていても山くずれは起こります。

　次に木の種類と山くずれの関係ですが、最近、広葉樹と植林されたスギの山崩れに対する抵抗性について、実際に木を引き抜いて比較する実験が行われています。それによれば、広葉樹の引き抜き抵抗は植林のスギに比べると5〜10倍あると言われ、その理由として、広葉樹は根の張り方が深く広いことから、広葉樹の方が崩れに対する抵抗が大きいと言われています。

　ところが実際の山を見ますと、広葉樹林は、植林地とすることが困難な沢筋や尾根に多く残され、スギの植林地は比較的傾斜が緩く、生育に必要な土壌も十分にある所が選ばれています。これは荒れ地に生える雑草は根が広く深く伸びて抜きにくいのに対し、畑の野菜が容易に抜けるのに似ています。

5．地すべりと棚田

　最近、山地斜面につくられた棚田が都会人から注目され、その効用として、山地が水を蓄える保水効果や、山村を守る効果などが言われています。さらに棚田の立派な写真集も出版されているので、改めて見ますと棚田はほんとに美しく絵になる景色をつくっています。このような棚田はいったいどのようにしてできたのでしょうか？

　棚田は山地の保水性を高めるためにつくられたのではなく、ど

写真 20 石積みの棚田（星野村：福岡県）

うにかして米の生産を高めたいという農民の知恵が生んだ人工構造物です。したがって、そこには科学的な法則性がうかがえます。

　まず、棚田をつくっている材料から見ますと、東北地方では土でできたものが約8割なのに対し、石積みが約2割になっています。一方、西南日本では、土でできたものが3割なのに対し、石積みが6割を占めています。このことは地質的な特性を示し、東北日本では第三紀層の泥岩が風化した土が材料になっているのに対し、西南日本では四万十層の砂岩を使った棚田が多いことを示しています（**写真 20**）。

13章　斜面の動きを知る方法

1．測定器の進歩

　山地斜面から地すべりや山くずれの情報を得るための技術は、近年すばらしい進歩を遂げています。歴史的に見ますと、地すべり調査の初期には5万分の1の地形図を使った調査でしたが、次は飛行機によって撮影された空中写真になり、さらに最近では人工衛星からの写真となっています。また撮影方法もカメラによる光学的な撮影方法から、レーダー波を使った撮影になっていきました。その歴史を概観してみます。

　より高い所から見ることにより、より多くの情報を得ようという試みは、人類が昔から求め続けてきたことでした。吉野ヶ里遺跡の櫓に始まり、戦国時代には天守閣へと進み、気球の発明によりさらに高い所から地表を観察することが可能となりました。このような方法は、初期には戦争のときに対峙した相手の布陣を偵察したり、大砲の着弾地の偵察に使われ、第一次大戦では実戦に使われ始めた飛行機から敵陣地をスケッチに描いていました。そのころ実用化されていた写真機を使う試みもありましたが、20世紀初頭の写真機は大きく重かったため、飛行機からの撮影はできませんでした。

　空中写真を組織的に利用するようになったのは第二次世界大戦

中の米軍で、ヨーロッパ戦線での爆撃精度を検証するのに撮影したことに始まります。米空軍はドイツへの爆撃を繰り返しましたが、出撃したパイロットの報告と現地からの報告が大きく違っていることに衝撃を受け、撮影された写真から爆撃の成果を調べるようになったのです。

この方法は日本に対する爆撃でも利用されますが、このときに撮影された写真が日本において戦後、森林調査や国土計画のために利用されました。空中写真の有効性は認識され、その後、国土地理院と林野庁で5年間隔の撮影が始まりました。

空中写真が災害の研究に利用されるようになったのは昭和30年代末期からで、多くの人が地すべりや崩壊が実際にどんな形をしているのかを見ることができるようになり、昭和40年代には空中写真を使った地すべりに関する研究が多数行われました。

空中写真撮影のために搭載されるカメラは目的により数種類ありますが、代表的なものは超広角、広角、普通角の3種類でレンズの焦点距離は各々11.5 cm、15.2 cm、21.0 cmとなっています（**表16**）。撮影フィルムの大きさは18 cm×18 cmなので、焦点距離が21.0 cmのカメラの場合、一枚の写真には一辺が約4.3 kmの区域が撮影されていることになります。

写真の撮影高度は約5,000 mですが、地表面の高さが異なるためスケールは場所によって違い、だいたいのスケールは2万分

表16 レンズの種類と焦点距離と写角

レンズ	焦点距離 (cm)	写角 (度)
超広角	11.5	110〜120
広角	15.2	90
普通角	21.0	60

の1です。

　空中写真は初期には白黒だったのですが、やがてカラー写真となり、これによって情報は格段に多くなり、木の種類や葉の枯れ具合まで判読できるようになりました。

　このことが知られるようになったのは、1962年のキューバ危機の際、ケネディ大統領が植物でカムフラージュされた大型ミサイルの存在を指摘し、ミサイルを覆った植物が枯れていることや地面についたタイヤの幅からトラックの大きさを割り出し、ミサイルの破壊力を推定していることが報道されました。このことにより、米空軍が20 kmを超える高空を飛ぶ偵察機U-2を保有し、軍事上の情報を得ていたことが一般に知られましたが、同時に空中写真判読、空中写真測量という分野が広く知られるきっかけになりました。

　日本でも空中写真の撮影機会が増え、ストックも増えたために、データベースとしてまとめる機運が高まり、防災科学技術研究所が中心となり、伊勢湾台風（1959年）以降の、特に大きな地すべりや崩壊、雪崩、洪水などについて、民間の航空測量会社が撮影した写真の内容を、空中写真の種類、フィルムの有無、撮影担当会社名を「災害空中写真・フィルム一覧表」としてまとめ、これをインターネット上で公開しています。

2．空中写真判読

　空中写真判読は、写真に撮影された地形から地すべりの情報を得る方法です。空中写真から得られる地すべりの情報で最も重要なものは地すべりの範囲で、地すべり地の全体の形や移動ブロッ

クがわかると、地すべりの動いた履歴がわかります。また異常な谷地形や尾根の形は、断層、地層の境界などの地質情報を表します。また植生も地すべりの情報を示し、植林地でのブロック状の空き地は地すべりによる植生の破壊跡です。

　大切なことは、空中写真判読はあくまで撮影された写真から地すべりを解釈することなので、地上での地すべりに関する情報が多いほど、写真からの情報も多くなります。このため空中写真判読と地上での踏査とは車の両輪で、写真判読の精度を上げるためには、地上での詳細な調査の積み重ねが重要です。

　判読に使用する写真は、縮尺が大きいほど詳細な判読が可能ですが、あまり大縮尺になると全体的な把握が難しくなります。逆に小縮尺の場合は、小さな地すべり地を見落とすこともあります。一般によく使われる写真は密着（18×18 cm）または4倍引き伸ばし（36×36 cm）ですが、4倍引き伸ばし写真を使って立体鏡のレンズを利用すると、数十 cm のものまで判読可能です。

　現在、空中写真を使った地すべり地形の判読結果が、（独）防災科学技術研究所から「地すべり地形分布図データベース」としてインターネットに公開されています（第5章1節参照）。

3．人工衛星からの写真

　最近は地球観測用の衛星がたくさん打ち上げられ、いろいろな観測に使われています。このうち資源探査や環境調査で使われている人工衛星は、ランドサット、スポット、もも、ふようなどです。衛星のデータ識別能力は、衛星が通過するときに取り込むことができる視野の広さ、取り込む光の領域、濃度の範囲を示すレ

ンジ幅によって異なります。衛星からの情報を地すべり現象にどのように生かすかは、衛星から地上の物体を識別できる分解能によって変化します。

　分解能の高いアメリカの商業衛星クイックバードは、60 cm の分解能を持ち、アメリカ軍の偵察衛星は、地上の物体を 10 cm まで識別できると言われています。しかし日本で一般に利用できるスポット衛星では、2.5 m から 100 m 前後です。地すべりの調査に利用する場合、数十 cm の滑落崖や地表の凹凸が重要な情報なので、大面積の判読に適しているといえます。

　観測衛星の一つであるランドサットからの数値データを使うと、葉面からの反射特性が得られます。これは樹木の活力度を表しますが、活力度の低下は樹木に対する直接的なダメージの場合と、間接的なダメージの場合があります。直接的なダメージは、滑落崖ができることによって木の転倒や幹割れ、根切れなどが発生することで、間接的なダメージは地表での滞水による枯れなどがあります。このため衛星からのデータで活力度が低下していることがわかっても、その原因を特定するためには地表での調査が欠かせません。

　また現在の観測衛星の分解能が、スポット衛星の場合で約 2.5 m なので、地すべり地全体の動きについては分析は可能ですが、樹木一本一本の判読や小規模な滑落崖の変化については困難です。

　災害調査を行う場合、被災地が災害が起こる前にはどのような状態であったかを知ることは非常に重要な情報なので、衛星が同じ場所に戻ってくるのに何日かかるかという周回日数も、利用にあたっては大切なことです。陸域観測衛星の ALOS の場合約 45 日、ランドサットは 18 日で多くの衛星が 2、3 週間から 1 カ月程度なので、この点は数年の間隔がある空中写真より優れていま

表17 ランドサットとスポットの比較

	ランドサット7号	スポット
周回日（日）	16	26
周期（分）	120	101
分解能（m）	80	255
衛星高度（km）	705	822

す（**表17**）。

衛星からの画像は光によるものですが、「ふよう」のみはマイクロ波レーダーを使っています。マイクロ波レーダーの特徴は、観測が天候や昼夜に左右されず、雲や多少の植生があっても観測が可能なことです。

4．テフラからわかる地表面の動き

テフラとは、広い地域にわたって降った火山灰のことです。日本は火山国で、大規模な火山の爆発によって火山灰が広い面積にわたって堆積しているので、このテフラの年代がわかると地層の対比ができます。

テフラがなぜ斜面の動きに関係があるのかといいますと、堆積した年代がわかっているテフラは、それがあることによって年代を決めることができるからです。考古学では、あるテフラの中から石器が出てくると、石器はそのテフラが堆積した年代につくられたということができるので、重要な時間スケールとして使われています。テフラの分布の多い北海道では、数百年単位で地すべりの動きがわかる地域もあります。

日本全国で見られるテフラでは、今から7300年前に鹿児島県

の南、屋久島の西側にある鬼界カルデラの爆発により噴出し、日本の大部分を覆っている赤ホヤ層があります。これは頭文字を取って K-Ah と記録されます。また 2 万 5 千年前に現在の鹿児島湾の最奥、桜島の北側から噴出した入戸（いと）火砕流による姶良丹沢（あいらたんざわ）層もよく知られていて、これも頭文字から AT と呼ばれています。

　地すべりや崩壊の履歴を考える場合、テフラが斜面に残っているか、いないかによっていろいろなことがわかり、例えば赤ホヤが堆積していますと、7300 年以降、山くずれや地すべりがなかったということができます。またテフラが残っていても、褶曲したり途中で切れている場合は、比較的緩やかな地表の動きがあったと考えられます。テフラがない場合は、テフラを押し流すような現象—崩壊—があったことが考えられます（**写真 21**）。

　テフラは九州、関東、東北、北海道のように多数分布していて、数百年のオーダーで地表面の動きが推定できる地域と、近畿、四

写真 21　御池降下軽石

国のように分布の少ない地域があります。

5．木の年輪から地すべりの動きを知る

　人には耳の奥に三半規管という平衡感覚を受け持つ器官があり、これによって自分がまっすぐ立っているのか傾いているのかを判断しています。植物も傾くと起き上がって生長し始めます。ところが植物が起き上がって生長を始めますと、そこから曲がってしまいます。

　地すべり地で生育する木も、地面が傾きこれによって木が傾きますと、傾きを修復しようとして起き上がろうとします。木が起き上がると、ついには幹が曲がってしまいます。この曲がった部分の年輪を調べてみると、正常な年輪に比較して多少赤味がかっています。このような年輪をアテといい、アテのでき始めた年数と終わった年数を数えることにより、地すべりが何年前に起こり、いつ終わったかを知ることができるのです（**写真22**）。

写真22　アテは下側の濃い部分（写真提供：東三郎博士）

このようなアテを指標として地すべりの動きを解明したのは東三郎博士（北海道大学名誉教授）で、地すべりがユックリと継続して動く場合や、ユックリ動いた後で急にドーンと大きく動く場合、地すべりの方向が変化する場合などいろいろなパターンがあることを見いだし、このパターンを四つの基本型と二つの組合せに分類しました（**表18**）。年輪の形では**図56**のようになります。

表18 アテのパターンとその組合せ（東三郎：地表変動論、1979）

	パターン	動きの形
基本型	I 漸減型 II 1年型 III 漸増漸減型 IV 漸増型	大きく動いた後数年で停止する 1回動いて止まる 動きが大きくなった後、徐々に停止する 動きが徐々に大きくなる
組合せ	不連続型 異方向連続型	漸増型の次に1年型が来るような不連続型 地すべりの方向が変化する

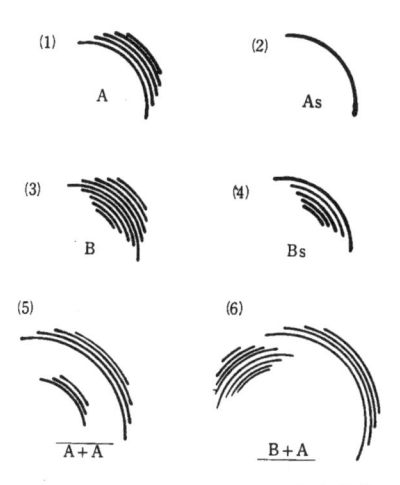

図56 アテのパターン（東三郎：地表変動論、1979）

この研究によって、それまで地すべりは「動く」ということを中心に考えられていたのに対し、地すべりは「動いたり、止まったりする」ことが明らかになりました。防災を目的としますと、地すべりは「動くので危険だ」という観点から研究や工事が進められますが、地すべりは「動いた後は止まる」ということも考慮しなければならないのです。

　アテを使った地すべりの動きの研究は、北海道で主にトドマツやエゾマツを対象に行われたため、トドマツやエゾマツ特有の現象のように説明されることもありますが、スギやヒノキにもできます。ただスギ、ヒノキは幹の中心部分が赤くなるので、幼齢期の動きがわかりにくいという欠点があります。

　アテのできる原因は、幹が曲がると谷側に引っ張り力、山側に圧縮力がかかることが関係しています。アテの部分にはリグニンと呼ばれる木の油分が多く、木の繊維であるセルロースが少ないので、材質としては硬くて重くなり、材とした場合は割れなどが生じるため良い材とはいえません。またアテは針葉樹にははっきり見えますが、広葉樹ではよく見えません。

6．土壌の厚さからわかる斜面の動き

　山地斜面の一番上には生物の活動によってできた土壌層があります。土壌層の一番上はA層と呼ばれ、植物の落葉落枝、動物のフン、遺骸などほとんど有機物でできていて、全体的に黒褐色をしています。このような土壌層は、斜面が安定していると長年月にわたって生物の活動が続き有機物を堆積するので、厚い土壌層をつくります。しかし山崩れが起こりますと、土壌層は削り取ら

写真 23 崩壊による埋没土壌（サボテン公園：宮崎県）

れてなくなります。

このため、同じ地域で土壌層の厚さを比較すると、山地が安定している場所では土壌層が厚く、地すべりや山くずれがよく起こる場所では薄くなっています。したがって土壌層のA層の厚さを比較することにより、山くずれや崩壊が頻繁に起こっているかどうかという、相対的な比較をすることができます。

土壌層が削り取られた現象とは逆に、土壌層が崩土に埋められていることがあります。これは地表面が長期間安定していて、土壌ができた後に崩壊が起こり土壌層が埋没した証拠となります（**写真 23**）。土壌層と崩壊との関係は、斜面変動に時間の概念を入れる上で大切な現象です。

14章　地すべり、山くずれから逃れるには

1．地すべり・山くずれの前兆現象

　山は突然崩れるのではなく、いろいろな前兆現象があります。このような前兆現象を知ることによって、応急処置を施したり、早急な退避を行って被害を軽減することができます。

　斜面の異変は斜面の上部や下部に現れます。また異変が起こるかなり前から現れる現象と、直前に現れる現象とがあるので、よく観察しておくことが大切です。地すべりの前兆としては、石垣やコンクリート構造物の亀裂、パイプの曲がりを見逃さないようにしましょう。ただ亀裂や曲がりは、その後引き続いて亀裂が大きくなるかというと、そうではないことも多いので、専門家の意見を聞くことが大切です。

　直前の変化は避難時期を判断するのに重要です。山くずれの場合、亀裂は上部に現れるので、いち早く亀裂を発見し亀裂の変化を監視することは重要なことです。亀裂は地山内部のヒズミが表面に現れたものなので、崩壊が間近いことを示していますが、時には亀裂が入ったまま安定することもあります。斜面の下部には斜面のはらみだしによって、不安定になった小石の落石が始まるので、斜面の前面に石ころがパラパラ落ち始めたら要注意です。

　1976(昭和51)年に兵庫県一宮町で起こった地すべりでは、ゴ

ーという地鳴りのような音が聞こえたことが記録されています。ゴーという音は、地山内部の岩石がせん断される音なので山が少しずつ動いている証拠といえるでしょう。また、普段は見られなかった所から湧水が見られることもあります。濁りは地中の水脈が乱されて起こるので、地山が動いている証拠です。さらに湧水は急に止まることもありますが、これは地山が動いたことにより水脈が閉塞されたためで、これも危険信号です。

2．山くずれは高さの2倍

　自宅の裏山が崩れた場合、どのくらい土砂が流れ出すか、またどのくらい逃げればよいかをあらかじめ知っておくことは大切なことです。

　土砂が流れ出す距離は、斜面をつくっている土質、雨の降り方、生えている植生、人工の加わった程度などによって違ってくるので一概にはいえませんが、今までに起きた山崩れから、経験的には高さの2倍だけ崩れてくることがわかっています（**図57**）。

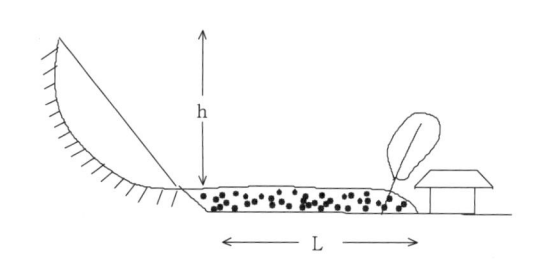

崩壊の距離：L＝2h

図57 山くずれは高さの2倍

シラス災害をたびたび受けてきた鹿児島県では、シラス崖下の土地利用を崖下から見上げた角度によって決め、30度以下の場合は宅地可能、30〜35度は公園可能地域、35度以上は利用不可と分類しています。

3．崖くずれは高さだけ

崖くずれの場合はかなりハッキリした調査があります。崖くずれにより崩れた岩石が広がる距離は平均で12 m、その60％は10 m以下であることが統計的にわかっています。また斜面の傾斜角が急になるほど、岩が崩れる距離は小さくなっています。崖の高さと被災距離の関係は被災距離÷崖の高さの値が3を超えることはなく、1以下が80％を占めています。

このことから、崖くずれを避けるには、崖の高さ分だけ離れておけば大丈夫ということになります。ただし火山灰の堆積した崖の下では、高速の地すべりとなるため、高さの2、3倍では安全とはいえません。

参考文献

1章
- 小川豊：崩壊地名、山海堂、1995

2章
- 古林英一：環境経済論、日本経済評論社、2005

3章
- 岩田進午：土のコロイド現象、学会出版センター、2003
- 大政正隆：土の科学、日本放送出版会、1977
- 松中照夫：土壌学の基礎、農文協、2005

4章
- 今井五郎：地盤地質学、コロナ社、2002
- 石原研而：土質力学、丸善、2001
- 地盤工学会：豪雨時における斜面崩壊のメカニズムおよび危険度予測、2006
- 玉田文吾：すべり面の構造についての事例研究、地すべり、Vol. 26、No. 2、1989
- 紀平潔秀：第三紀層地すべりの発生機構について、土と基礎、Vol. 21、No. 8、1973

5章
- 藤田崇：地すべりと地質学、古今書院、2002
- 中島峰広：日本の棚田、古今書院、1999
- 古谷尊彦：ランドスライド、古今書院、1996

6章
- 須藤俊夫：粘土鉱物学、岩波書店、1974
- 下田右：粘土鉱物研究法、創造社、1985
- 日本粘土学会編：粘土ハンドブック、技報堂、1976
- 千木良雅弘：泥岩の化学的風化―新潟県更新統灰爪層の例―、地質学雑誌、Vol. 94、1988
- 松倉公憲：岩石・石材における風化作用とその速度、土と基礎、Vol. 44、No. 9、1996

- 高谷精二：水による泥岩の溶出実験、平成12年度日本応用地質学会講演論文集、2000

7章

- 小出博：日本の地すべり、東洋経済新報社、1955
- 白水春雄：粘土鉱物学、朝倉書店、1988
- 吉村尚久：粘土鉱物と変質作用、地学団体研究会、2001
- 中川衷三：四国における地すべりの素因（その1）、地すべり、Vol. 5、No. 3、1969
- 科学技術庁調整局：すべり面形成に関する地質鉱物学的研究、結晶片岩地帯地すべり発生機構に関する総合報告書、1978
- 高谷精二：結晶片岩地域における地すべりと粘土鉱物―徳島県穴吹町首野地すべり、井川町倉石地すべり―、新砂防、Vol. 31、No. 2、1978
- 高谷精二：地すべりにおける粘土鉱物の生成メカニズム―表層から深層まで―、地すべり学会、事例に学ぶ地すべりとすべり面粘土、2006

8章

- 国土開発技術研究センター：貯水池周辺の地すべり調査と対策、山海堂、1996

9章

- 千木良雅弘：風化と崩壊、近未来社、1995
- 守随治雄：福島県一ツ田坪地すべりにおける粘土鉱物および水質の特徴について、応用地質、Vol. 25、No. 1、1984

10章

- 三木幸蔵、古谷正和：岩石・岩盤図鑑、鹿島出版会、1983
- 保柳康一他：堆積物と堆積岩、共立出版、2004
- 高谷精二：地すべり地のSlickensideに関する一考察、応用地質、Vol. 12、No. 3、1970
- 高谷精二、鈴木恵三：2005年台風14号による宮崎県内に発生した巨大崩壊、地すべり、Vol. 44、No. 2、2005
- 吉岡龍馬、高谷精二：兵庫県一宮町崩壊地の水質と粘土鉱物、京都大学防災研究所年報、No. 21-B、1978

11 章

- 日本地すべり学会：地すべり―地形地質的認識と用語―、日本地すべり学会、2004
- 日本測量調査技術協会：空中写真による地すべり調査の実際、鹿島出版会、1984

12 章

- 東三郎：地表変動論、北海道大学図書刊行会、1979
- 東三郎：地変林遷、森林空間研究所、2007
- 清水宏：渓相学ことはじめ、（社）日本治山治水協会、1998

13 章

- 今村遼平、武田裕孝：空中写真判読、共立出版、1976

14 章

- 高橋博他：斜面災害の予知と防災、白亜書房、1986

本書に掲載したX線回析の実験条件は下記のとおりです。

- 機器：　リント2000（リガク）
- X線：　Cu-kα
- 管球電圧：　30 kV
- 管電流：　10 mA
- スキャンスピード：　2°/min
- 走査範囲：　3〜30°（粘土）
- 走査範囲：　3〜60°（岩石）

あとがき

　私が地すべりの研究を始めるきっかけとなったのは、大学3年の時に偶然図書館で読んだ小出博による『日本の地すべり』でした。本書はその後地すべりの名著として、多くの人に読みつづけられ、地すべり研究に大きなエポックをつくりました。

　この年、世界の歴史に残るキューバ危機があり、国連大使が空中写真を示しながら、キューバに搬入されたミサイルを隠すための木々がそこだけ枯れていることや、タイヤのワダチからトラックの大きさが推定できることを説明しました。この時、空中写真を写したのがU2という高高度を飛ぶジェット機で、写真判読という分野があることを知りました。

　大学院では、東三郎博士の年輪から解き明かす地表変動の歴史を学び、地表が不動のものでなく絶えず変化している存在であることを知りました。最もショッキングだったのは、当たり前のことですが、地すべりが「止まる」ということを知ったことです。地すべりは「地すべり対策の工事によって止まった」という説明を聞いていて、工事をしないと止まらない、と思いこんでいた自分に気がつきました。

　その後地すべりは、岩石が風化し土となったものが滑ることを知り、土の元となる岩石を知るために岩石学を学びましたが、さらに岩石が風化してできるものは粘土であることを知って、粘土鉱物学に視野を広げました。

　これらは地すべりを解き明かす上で、必要な知識であると思っ

ていますが、時々「専門はなにか？」と聞かれ困ることがあります。私のようにいろいろな分野に手を出すことは、奇異に思われるということを感じました。しかし今も、地すべりのように岩石が風化して土ができ、これが水と混じって動く現象を捉えるのには、同じ分野で同じ研究手法を用いていてはできないと考えています。

　本書を書くきっかけになったのは、平成13年に卒業した中村友輔君に「君が大学院を終えるときに本をプレゼントするよ」と言ったことからです。その後、彼は北大農学部で修士課程を終え、現在は富山県庁に勤めています。彼からの年賀状には毎年「本はまだですか」と書いてあり、それは私にとって大きなプレッシャーでしたが、来年からは解放されそうです。

　2008年5月

　　　　　　　　　　　　　　　　　　　　　　　　　高谷精二

MEMO

著者紹介

高谷精二 (たかや せいじ) 農学博士（北海道大学）

1942 年　徳島県に生れる
1965 年　愛媛大学 農学部 林学科卒業
1968 年　北海道大学大学院 農学研究科 修士課程修了
1972 年　南九州大学 園芸学部
2008 年　南九州大学 環境造園学部 教授　定年退職
現　在　南九州大学 環境造園学部 非常勤講師

[主な著書]
『HC 20 科学技術計算プログラム集』（工学社、監修）1983 年
『のり面保護工の基礎と応用』（山海堂）1987 年
『砂防学概論―土木教程選書』（鹿島出版会、編著）1991 年など

[受賞]
「平成 5 年鹿児島集中豪雨」（NHK 映像ニュース賞、金賞）1994 年

技術者に必要な 地すべり山くずれの知識

2008 年 6 月 20 日　第 1 刷発行
2014 年 3 月 20 日　第 3 刷発行

著　者　高　谷　精　二
発行者　坪　内　文　生

発行所　〒104-0028 東京都中央区
　　　　八重洲 2-5-14　　　鹿島出版会
　　　　電話 03-6202-5200　振替 00160-2-180883

印刷・製本　　創栄図書印刷

©Seiji TAKAYA 2008, Printed in Japan
ISBN 978-4-306-02401-4 C3052

落丁・乱丁本はお取り替えいたします。
本書の無断複製（コピー）は著作権法上での例外を除き禁じられています。また、代行業者等に依頼してスキャンやデジタル化することは、たとえ個人や家庭内の利用を目的とする場合でも著作権法違反です。

本書の内容に関するご意見・ご感想は下記までお寄せ下さい。
URL: http://www.kajima-publishing.co.jp/
e-mail: info@kajima-publishing.co.jp